世界兵器解码
航空母舰 篇

北京中科鹦鹉螺软件有限公司　组编

贾超为　戴静波　著

机械工业出版社
CHINA MACHINE PRESS

航空母舰作为目前世界上最庞大、最复杂、威力最强的作战武器平台之一，是国家实力的象征。许多军迷心中都有一个"航母梦"。为了满足广大军迷对航空母舰相关知识的渴求，本书邀请了该领域权威专家通过专业视角为读者解码航空母舰，首先从航空母舰的基本概念、基本分类入手；然后解析了现役航母的典型代表，包括其性能、参数、内部结构；最后介绍了航母基本战术运用、相关故事与战例等内容。特别值得一提的是，本书部分精美图片是由专业软件建模团队负责呈现，让读者详细了解航母知识的同时还能够欣赏航母独特的美。

图书在版编目（CIP）数据

世界兵器解码. 航空母舰篇 / 北京中科鹦鹉螺软件有限公司组编；贾超为，戴静波著. — 北京：机械工业出版社，2021.3（2024.10重印）
ISBN 978-7-111-67963-9

Ⅰ.①世… Ⅱ.①北… ②贾… ③戴… Ⅲ.①航空母舰–世界–通俗读物 Ⅳ.①E92-49

中国版本图书馆CIP数据核字（2021）第061596号

机械工业出版社（北京市百万庄大街22号　邮政编码100037）
策划编辑：韩伟喆　　责任编辑：赵　屹　韩伟喆
责任校对：聂美琴　　责任印制：李　昂
北京瑞禾彩色印刷有限公司印刷

2024年10月第1版第7次印刷
215mm×225mm・9.4印张・170千字
标准书号：ISBN 978-7-111-67963-9
定价：69.00元

电话服务	网络服务
客服电话：010-88361066	机　工　官　网：www.cmpbook.com
010-88379833	机　工　官　博：weibo.com/cmp1952
010-68326294	金　书　网：www.golden-book.com
封底无防伪标均为盗版	机工教育服务网：www.cmpedu.com

序

《诗经·小雅·鹤鸣》中有一句耳熟能详的话,叫"他山之石,可以攻玉"。这里面包含了很强的辩证法和中国智慧,体现了中华传统文化中的"通变"思维,也是我们这个民族历经五千年不衰,且不断焕发活力的文化密码。

循着这样一个思维逻辑,无论是从历史还是从现实中,都能找到很多经得起历史和实践检验的经典案例。机械工业出版社出版的这套《世界兵器解码》系列图书,就是将"他山之石"为我所用、所鉴的一个很好探索。从这个角度看,这套《世界兵器解码》系列图书至少可以解决两个方面的问题:一个是透过这套书,可以了解当代世界主要武器装备或武器平台的基本情况和发展趋势,获得更宽阔的视野。另一个是,可以激发国民,尤其是年轻人对军事武器装备的兴趣,进而淬炼强军尚武的情怀。

当今世界新格局新形势下,在全社会加强国防教育和培养尚武精神的重要性更加凸显。全民皆兵、寓军于民这些传统的理念,都有了新的内涵和形式。为社会提供优质的军事科普书刊,则是为这样的传统理念注入新的知识、新的观念、新的动力的最好途径。现在一部分年轻男性存在的一个很大问题是缺乏阳刚之气和血性。国家领导人提出的要培养"四有"新一代革命军人的要求,其中很重要的一条就是要有血性。因为血性不仅是中国军人战斗力的精神内核,更是中华民族能够压倒一切敌人而不被敌人所压倒的英雄气概。我们发现一个十分有趣又值得深思的现象:越是国防意识强烈、军事科普知识丰富的年轻人,越是崇尚英雄硬汉。这就从一个侧面说明了军事科普的看得见与看不见的多重效应。

我长期从事军事新闻工作,退休后又继续从事军事文化研究。我们看到,近十多年来,军事科普读物,已经成为全民国防教育不可或缺的重要教材。其中，武器装备类的书刊，更是越来越受广大青少年所喜爱，并产生越来越大的影响力。机械工业出版社过往推出的一大批这方面的书籍，就产生了良好的反响和社会效益。我深度接触过许多军事文化爱好者特别是军迷群体中的朋友，从他们那里得知，一本好的军事科普书刊的影响力，真的大到局外人难以想象。有很多青少年读者，受一本书刊的影响，或者改变了自己的专业方向，或者发现了一个全新的思路，或者实现了某一场景下的弯道超车，或者准确预测出某项技术的走向，如此等等，不一而足。以致从读者群中催生出了一个个人才，成就了一项项事业。军事科普读物为什么会产生如此强大的效应？我想，应该是这样一个逻辑：武器装备，是作战理论、概念的物化和各项最新科学技术应用的终端集成，其读物，自然也就成为一座座知识宝库。这也正是有那么多人喜欢武器装备类书刊的原因所在。

基于这样一个认识和一个老军人的情怀，当这套书的作者带着书稿找到我时，我欣然同意为这套书作序。除了共识和情怀上的共鸣，这套书选取的题材和写作风格我也比较认可，无论是内容还是相应的图片都很吸引人，也有不少独到和创新之处。一个是内容比较系统。这套书对航空母舰、驱逐舰、潜艇、战斗机、轰炸机等武器装备都做了非常全面系统的梳理，内容丰富、结构严谨、逻辑性很强。这套书所选取的武器装备，既是世界各军事大国争相发展的重点，也是我军装备事业发展的主要方向。武器装备是军队现代化的重要标志，是国家安全和民族复兴的重要支撑。中国这样一个世界性大国，发展与国家地位相称、同国家发展利益相适应的军事力量至关重要，这是中华民族伟大复兴和我国有效应对世界百年未有之大变局的必然要求。我很欣喜地看到，这套书涉及到的武器装备，仅就其知识的完整性、系统性而言，就有不少可圈可点的价值。二是视角比较新颖。这套书在写作结构上比较注重创新，既有知识科普的内容，介绍相关的武器装备及作战性能，也有对内部设计、相关参数、优缺点评估等技术层面的深度解剖，还有作战样式、作战理论等的梳理和归纳。这些研究上的创新点，既有很好的知识性，也增加了趣味性，让人有继续读下去的愿望，很吸引人。三是研究上突出了思想性。一篇文章、一个报告乃至一本书有没有价值，关键看有没有思想，思想是一本书的灵魂。这套书，通过对大量公开资料的收集、归纳、整理，把冰冷的武器装备与一幅幅精彩的图片和应用案例剖析、历史经典战例解读等串起来，很有思想性，给人带来启发和思考，很是难得。

在人类社会发展的历史长河中，从冷兵器时代的刀枪剑戟、斧钺钩叉，到近代兵器的毛瑟枪、来复枪、火炮，再到现代的机枪、远程大炮、坦克、飞机、导弹、核武器、电子武器等热兵器，总有一种或几种武器在一段时间内独占鳌头、独领风骚，并在战争中尽显风流。尤其是伴随着军事高技术的迅猛发展，信息系统的超强指挥能力和武器系统全纵深打击能力的发展，"非接触性作战"已经成为高技术条件下局部战争的主要特点。所谓"非接触性作战"，就是充分利用战场情报获取能力和电子战优势，摸准对手"关键"地段或要害目标，实施突如其来的"非接触性"打击,通过重创敌人直接达成作战目的。而"非接触性作战"的基本前提条件是我方所拥有的作战装备能对敌要害目标实施精准打击。这套书所选取的武器装备,无疑都是"非接触性作战"的主要作战载体,也是当下世界军事舞台上的主角,在特定条件下甚至决定着战争的胜负,值得研究。我的一个体会:凡是出版物中的精品力作,一定都具备内容丰富、选题精彩、思想性和可读性强等突出特点。这套书,在很多方面满足了这些条件,相信它能成为那种一看就吸引人,拿起就放不下,打开就合不上的上品读物。

饶洪桥 于北京寓所

2021 年 3 月 1 日

目 录

序

第一章
航空母舰的发展历程、地位与作用
CHAPTER 1

问世初期	002
二战时期	004
冷战时期	006
后冷战时期	010

第二章
现代航空母舰的分类及任务
CHAPTER 2

分门别类	012
使命任务	013
战力标准	016

第三章
现役典型航空母舰的技战术性能
CHAPTER 3

美国"福特"号航空母舰	020
美国"尼米兹"号航空母舰	034
英国"伊丽莎白女王"号航空母舰	048
法国"戴高乐"号航空母舰	065

CONTENTS

意大利"加富尔"号航空母舰	079
俄罗斯"库兹涅佐夫"号航空母舰	094
印度"维克拉玛蒂亚"号航空母舰	110
泰国"差克里·纳吕贝特"号航空母舰	125

第四章 航空母舰编队在现代海战中的作战流程和常用战术
CHAPTER 4

航空母舰主要作战流程	138
航空母舰编队基本战术	152
在国家军事力量体系中的主要作用	160

第五章 航空母舰的作战与应用案例剖析
CHAPTER 5

历史经典战例回顾	162
航空母舰的轶事点评	172
下一代航空母舰发展方向展望	178

世界兵器解码

第一章
CHAPTER 1

航空母舰的发展历程、
地位与作用

问世初期

航空母舰的诞生与发展始终同飞机的发展演变息息相关,从 1903 年飞机诞生开始,人们就在不断研究如何拓展飞机的应用领域。1909 年,法国发明家克莱门特·艾德尔在他的《军事飞行》一书中第一次描述了载机航空母舰的全新概念,世人随即开始了对航空母舰的探索之旅。1910 年 11 月 14 日,勇敢的美国飞行员尤金·埃利驾驶一架"柯蒂斯"式双翼机从"伯明翰"号巡洋舰前部加装的木质平台上实现了世界首次舰载机(多指固定翼舰载机)起飞。1911 年 1 月 18 日,尤金·埃利又在"宾夕法尼亚"号装甲巡洋舰后部加装的平台上利用飞机尾钩制动索完成了世界首次舰载机降落着舰。这两次勇敢的起降行动为航空母舰的诞生奠定了坚实的基础。

第一次世界大战爆发后,英国为了遏制德国潜艇日益严重的威胁,首先开始进行航空母舰的研制改装工作,试图依靠飞机扩大对海上潜艇的搜索发现能力。1917 年 3 月,英国海军决定将正在建造中的"暴怒"号巡洋舰前甲板主炮取消,换成了 69.5 米长的木制飞行跑道,改建成可以搭载 8 架飞机的飞机母舰。第一次改装后的"暴怒"号于同年 8 月 2 日成功参与了世界上首次军舰航行状态下的飞机降落着舰,但是完成这项成就的邓宁少校则在又一次尝试驾机降落着舰时不幸坠海遇难。"暴怒"号随后取消了危险的着舰实验,飞机从舰船上起飞后只能前往陆地降落,导致作战使

尤金·埃利第一次从"伯明翰"号巡洋舰起飞。

尤金·埃利从"伯明翰"号巡洋舰起飞瞬间。

第一次改装后保留后主炮的"暴怒"号航空母舰。

完成第二次改装后的"暴怒"号航空母舰。

用效率不高。此后,英国海军很快组织进行了第二次改装,将"暴怒"号后甲板的主炮拆除,改装为 86.6 米长的木制跑道,并以甲板中部的舰桥、烟囱、桅杆等上层建筑为界,前甲板跑道供飞机起飞、后甲板跑道供飞机降落,中部两侧各有一条通道供飞机在前后甲板之间调度。1918 年,完成第二次改装的"暴怒"号成为世界上第一艘能够伴随战列舰执行作战任务的高速航空母舰,其标准排水量 19153 吨,航速 31 节(1 节≈1.852 公里/小时),可搭载 6 架"幼犬"式战斗机和 4 架"肖特 184"式水上飞机。1918 年 7 月 19 日,7 架飞机从"暴怒"号航空母舰上起飞,对德国飞艇基地发起攻击,实现了第一次航空母舰的对地攻击行动。

"暴怒"号的缺陷是前、后跑道分开铺设,限制了飞行甲板长度,烟囱排出的热气和中部建筑导致的空气乱流也使飞机降落时面临极大的危险。因此,英国海军开始对一艘客轮进行大规模改装,将原来的所有立式烟囱改为由飞行甲板下侧通向舰艉的水平排烟道,从而造出了世界上第一艘具有全通式飞行甲板的航空母舰——"百眼巨人"号。该舰排水量 14459 吨,可搭载 20 架飞机,于 1918 年 9 月 19 日正式编入英国

第一艘具有全通式飞行甲板的"百眼巨人"号航空母舰。

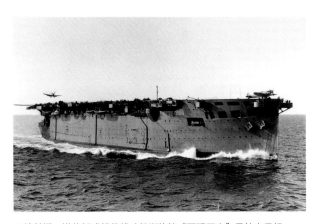

二战前期,搭载新式舰载战斗机训练的"百眼巨人"号航空母舰。

皇家海军服役。虽然"百眼巨人"号未参加过战斗，仅作为训练舰使用，但它具有现代航空母舰的雏形，极大提升了舰载机的起降效率和飞行安全性，是世界上第一艘真正意义上的现代航空母舰㊀。

由于受当时舰载机作战性能和对海探测手段的限制，虽然世界各大军事强国均开始探索航空母舰的改装研制和作战使用问题，但战列舰和战列巡洋舰仍是海上近距作战模式的绝对主力。航空母舰主要负责战术侦察和舰炮校准等任务，少量的舰载战斗机也无法进行大强度的对地、对海攻击以及空中拦截作战。第一次世界大战结束后，为避免再次出现战争风险，裁军和削减军备成为当时世界军事强国的主流思想。1922年2月6日，英国、美国、日本、法国和意大利等国在华盛顿就限制海军军备发展问题签订了《华盛顿海军条约》，严格控制各国主力舰艇总吨位，航空母舰的发展也受到一定限制。但英国、美国、日本等国积极发展航母的势头并未停止，有的国家甚至明修栈道，暗度陈仓。1922年12月，世界上第一艘专门设计建造的"凤翔"号航空母舰在日本下水，随后，英国也推出了第一艘全新设计的"竞技神"号航空母舰，该舰右舷采用的岛式建筑结构和封闭式舰艏成为此后各国航空母舰的基本设计模板，并沿用至今。

1924年改装后的日本"凤翔"号航空母舰。

二战时期

二战前期，随着舰载战斗机技术的飞速发展，单机翼的高性能活塞式战斗机已经具备了足够快速的机动性能和非常强大的对空、对海、对地攻击能力，世界各军事强国均开始逐步重视航空母舰的作战使用问题。美国和日本两国更是开足马力建设和改造航空母舰。但是在二战前期，参战各国均把战列舰和巡洋舰作为海战的核心，而将航空母舰作为辅助作战力量使用。其主要原因在于航空母舰没有经过海战的检验，各项作战理论和技术还不够成熟。其后，二战中的大规模海战让各国充分认识到了航空母舰作为新一代海

采用岛式建筑和封闭式舰艏的英国"竞技神"号航空母舰。

㊀ 另一种观点认为"凤翔"号航空母舰才是世界上第一艘真正意义上的现代航空母舰。——编者注

上霸主的作用和地位，"大炮巨舰"时代宣告终结，重型战列舰和战列巡洋舰自此逐步退出历史舞台。据不完全统计，到二战结束时，各国新建和改建的航空母舰已逾 200 艘。各种新式航母舰型也不断涌现，包括飞机维修航空母舰、护航航空母舰和潜水航空母舰等，这些舰型虽是昙花一现，但也从一个侧面印证了当时的航母发展热潮。

这个时期的航空母舰由于采用直通式飞行甲板，原本划分的起飞区和降落区随着新型舰载机飞行速度的不断提升而难以保证安全，即使是加装了新型液压拦阻索装置和拦阻网的航空母舰，也难以保障飞机降落时能够百分之百成功勾住拦阻索。因此，在实际作战使用过程中，舰载机降落时需要清空甲板前侧等待起飞的飞机，以便拦阻降落失败时可以通过滑跑减速制动或依靠拦阻网拦截回收。在这种背景下，舰载机分波次作战的编组战术逐步成熟，即严格按照"放飞 – 回收 – 装弹补给"的顺序对舰载机进行分波次指挥调度，以求最大限度提高直通式飞行甲板的利用率，并尽可能提升舰载机出动架次。

二战期间，美、日、英等国的航空母舰均创造了许多经典战例，可谓是"英雄辈出"的时代。以美国著名的"大黄蜂"号（CV-8）航空母舰为例，该舰于 1941 年 10 月 20 日服役，不久后的"珍珠港事件"导致太平洋战争全面爆发。1942 年 4 月 18 日，"大黄蜂"号奉命搭载 16 架陆基 B-25B 轰炸机抵近日本本土，对东京发起了第一次空袭行动。这次复仇行动极大振奋了美国军民的士气，对全日本上下造成了极大心理震慑，可谓是一次充满勇气、颇富想象力且极具历史意

满载 B-25B 轰炸机前往日本复仇的美国"大黄蜂"号（CV-8）航空母舰。

义的作战行动，并且这也是历史上唯一一次从航空母舰上起飞重型轰炸机的实战战例。

"大黄蜂"号（CV-8）是美国约克城级航空母舰的 3 号舰，属于美国第二种专用航空母舰。该舰全长 251.3 米，宽 25.4 米，飞行甲板全长 228.6 米，宽 34.7 米，标准排水量 20000 吨，满载排水量 26932 吨，装有 9 台蒸汽锅炉和 4 台蒸汽轮机，总功率达 12 万马力，最大航速 34 节，以 15 节的巡航速度航行时，航程可达 12500 海里（1 海里 ≈1.852 公里）。该舰最大载机数 79 架，全舰编制 2217 人，其中军官 227 人。武器和装甲方面，该舰配备 8 门 127 毫米口径高平两用炮、4 座 4 联装 28 毫米口径高射炮和 24 挺 12.7 毫米口径高射机枪，舰体装甲带厚度为 101.6 毫米，指挥塔侧面装甲厚度为 104 毫米，飞行甲板装甲厚度为 37 毫米。

"大黄蜂"号航空母舰作为二战时期的典型代表，具备多个突出特点：一是航速快，能够与新型重型巡洋舰协同作战；二是航空作业高效，飞行甲板装有 3 台沿甲板中线布置的大型升降机，能够快速进行舰载

美国"大黄蜂"号（CV-8）航空母舰。

二战后期称霸太平洋的美国航空母舰编队。

机升降、补给、抢修、调运等任务；三是续航力强，适航性好，能够执行长途奔袭任务，在恶劣海况条件下仍能起飞舰载机作战；四是装有新型雷达，对于航空母舰编队的防空警戒能力有了极大提升；虽然"大黄蜂"号（CV-8）在1942年10月27日遭到日军重创后被自家军舰击沉，仅仅服役1年时间，但其光荣的称号并未消失。13个月后，美国最新型埃塞克斯级的"大黄蜂"号（CV-12）航空母舰就再次出现在太平洋战场。

冷战时期

二战结束后，美、苏两大阵营进入了长期的军事对峙状态，在航空母舰的发展理念上，美、英、法、苏等战胜国分别选择了适合本国军事战略的发展道路。这个时期，虽然全世界航空母舰的服役数量趋于平稳，但在综合作战能力和整体技术性能上却得到了巨大的提升。随着喷气式舰载机技术、蒸汽弹射技术、辅助降落技术、导弹技术、电子技术、指控技术、导航技术以及核动力技术等高新技术的飞速发展，以美国为首的北约国家在航空母舰发展上突飞猛进，各种重型、中型和轻型航空母舰相继更新换代。苏联则一直坚持核威慑战略和"导弹为王"的近海防御思想，对航空母舰的重视程度较低，甚至一度认为航空母舰是"移

世界第一种采用斜角甲板设计的美国福莱斯特级航空母舰。

另一种斜角甲板设计风格的英国鹰级航空母舰。

小鹰级是美国最后一型常规动力航空母舰。

动的活棺材",直到 20 世纪 70 年代才开始推出第一款真正意义上的轻型航空母舰[一],各项技术水平和作战使用经验明显落后于美国。

随着喷气式舰载机的出现,其降落时的高速和机体重量叠加而成的巨大动能使得拦阻网失去了保护飞行员和舰载机的实际意义,喷气式舰载机在降落过程中若没有成功勾住拦阻索,则必须加力复飞后再次降落。因此,英国首先开始研究试验斜角设计的飞行甲板,这种设计能够有效避免舰载机加力复飞时撞毁甲板前侧的其他舰载机,增加降落的容错性和安全性。1952 年 2 月,英国海军在建造中的半人马座级航空母舰 4 号舰"竞技神"号上成功试验了这种飞行甲板,但由于服役时间一推再推,后来居上的美国福莱斯特级航空母舰反而成为世界上第一款运用这种设计理念的航空母舰。

由于喷气式舰载机的重量比活塞式舰载机成倍增加,原有的液压式弹射器已无法为舰载机提供足够的初始动能,因此催生了新型弹射器的问世。1951 年,英国海军航空兵后备队司令米切尔率先研制成功蒸汽弹射器,并装备在"莫仙座"号航空母舰上。1960 年,美国研制成功了内燃弹射器,并将其安装在世界第一

冷战时期,以"企业"号航空母舰为首的美国全核动力舰队。

[一] 这里没有把"莫斯科"号直升机航母算作航母。——编者注

艘核动力航空母舰"企业"号（CVN-65）上。不过，内燃弹射器的性能不稳定，因此"企业"号上既装备了内燃弹射器，也装备了蒸汽弹射器。美国海军9万吨级的"企业"号核动力航空母舰于1961年正式服役，从此将航空母舰的发展推向了一个新的高度。全新的核动力装置能够使"企业"号航空母舰具有35节的最大航速，更加宽敞的内部空间，40万海里的超长续航能力。然而，由于核动力航空母舰技术复杂、耗资巨大，一般国家难以承受，目前只有美国和法国装备了核动力航空母舰。

在航空母舰辅助降落设备发展方面，由于喷气式舰载机速度很快，已无法依靠目视识别舰上信号旗的方式进行着舰，导致飞行事故频发，舰载机飞行员着舰伤亡率超过二战时期，达到了历史峰值。1952年，

法国"克莱蒙梭"号航空母舰。

英国"无敌"号航空母舰。

装有远程反舰导弹的苏联"基辅"号航空母舰。

西班牙"阿斯图里亚斯亲王"号航空母舰。

英国海军军官古德哈特发明了反射式助降镜，终于使着舰事故数量大幅下降。20世纪60年代，英国研制成功了"菲涅尔"透镜光学助降系统，这种助降系统简单可靠，但在暴雨和浓雾等低能见度气象条件下无法正常工作。20世纪70年代，美国率先在航空母舰上装备了着舰雷达，并在舰载机上装备了终端设备，从而构成了"全天候电子辅助降落系统"。该系统的问世，才最终实现了舰载机全天候的着舰能力，使得着舰安全性得到极大提升。

冷战时期，美国依靠规模庞大的重型航空母舰编队，成为全球名副其实的海上霸主。英国、法国、西班牙、意大利和苏联等国也相继推出了符合本国装备技术水平和国防军事战略的多种中、轻型航空母舰，部分型号至今仍在服役。特别是短距/垂直起降①战斗机的出

意大利最新下水的"的里雅斯特"号两栖攻击舰将搭载F-35B战斗机。

即将进行航母化改装以搭载F-35B的日本出云级直升机驱逐舰。

由苏联"瓦良格"号改装而来的中国"辽宁"号航空母舰。

印度正在缓慢建造中的"维克兰特"号航空母舰。

---

① 短距/垂直起降（垂直/短距起降）是指固定翼飞机在垂直或短距离内起飞和着陆。——编者注

现，使航空母舰飞行甲板的设计理念更加丰富多样，拥有滑跃式飞行甲板的航母也开始兴起，各种新兴技术对航空母舰发展的影响在这个时期达到了高潮。

后冷战时期

冷战结束后，苏联的解体使得大批苏系航空母舰不得不对外出售或拆解，曾经显赫一时的黑海造船厂迅速破败没落的现实让人唏嘘不已。"一超独霸"的美国在全球军事行动、局部战争、危机应变和前沿威慑等方面，进一步认识到重型航空母舰不可替代的核心作用，同时，航空母舰也成为以美国为首的西方国家推行经济与外交政策的重要工具。因此，虽然美国没有同等级的作战对手，但始终将新型航空母舰的研发制造摆在优先地位，经费投入不减反增。随着信息化技术、自动化技术、第四代战斗机技术和电磁弹射技术等不断发展成熟，美国最新型的福特级核动力航空母舰成了融合各项最先进技术成果的载体，代表了世界最先进的航空母舰设计思路。虽然航空母舰从诞生至今已经一百余年，但是更强大的信息战能力、更快捷的自动化系统、更高效的弹射技术、更智能的降落技术、更持久的战备周期等性能指标始终是航空母舰设计人员不懈追求的目标。

目前，除美国以外，英国、法国、意大利、中国、印度、日本等国也先后开始发展新型中、轻型航空母舰。由于第四代 F-35B 短距 / 垂直起降战斗机的诞生，西方国家的航空母舰与两栖攻击舰的概念界线逐步模糊，两个舰种在舰载战斗机和舰载直升机的选型上越发相似，这也成为一个全新的海军装备发展方向。

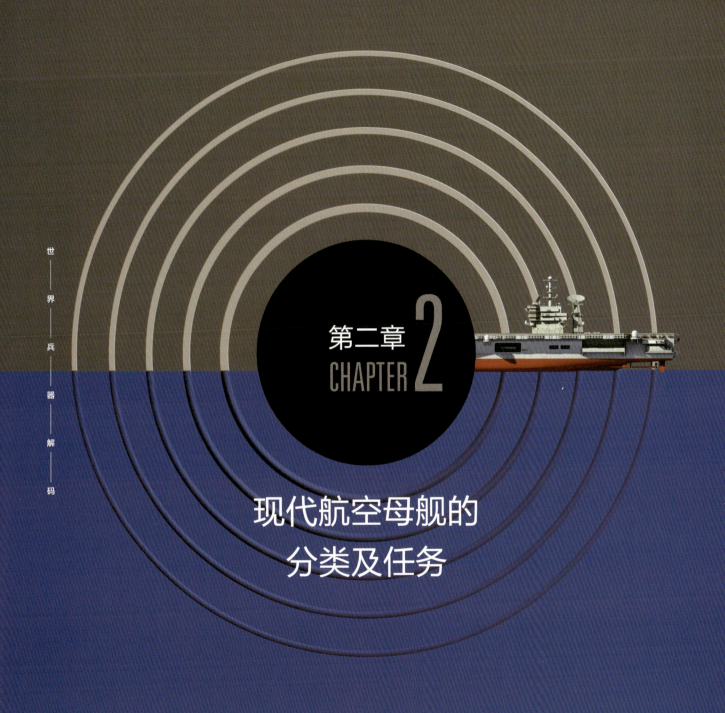

世界兵器解码

第二章
CHAPTER 2

现代航空母舰的
分类及任务

分门别类

按舰船吨位分类

现代航空母舰通常按照排水量大小进行分类,可分为重型、中型和轻型航空母舰。其中,重型航空母舰排水量在 7 万吨以上,中型航空母舰排水量一般在 3 万~6 万吨,轻型航空母舰排水量一般在 2 万吨左右。这种分类方式简单直观,在不考虑技术代差和舰载机性能差异等情况下,排水量更大的航空母舰造价更昂贵、维护成本更高、舰载机数量更多、综合作战能力更强。自从航空母舰诞生以来,发展什么吨位的航空母舰这一问题一直是各国争议的焦点。其实,这个问题是由每个国家的战略目标、科技水平、经济实力以及对航空母舰的认知程度等因素综合决定的,并无明显的优劣对错之分。

从全球范围来看,设计建造中的新型航空母舰在吨位上有越造越大的趋势,原先拥有轻型航空母舰的国家大都在积极考虑采购或建造吨位更大、舰载机更多、综合性能更强的新型航空母舰,还有不少国家正在试图迈入"航空母舰俱乐部"的门槛。总的来看,重型航空母舰是世界强国远洋海军的标配,中、轻型航空母舰则是地区强国海军的现实选择。

按动力装置分类

现代航空母舰按动力装置可分为常规动力和核动力航空母舰。目前仅有美国和法国装备有核动力航空母舰,其余拥有航空母舰的国家均采用常规动力航空母舰。随着核动力技术的发展,核动力航空母舰的造价、安全和使用问题一直存在较大的争议。单从作战使用方面来说,核动力航空母舰拥有巨大优势:一是核动力装置具有功率大和不产生废气的优点,从而取消了烟囱和管道,能够使航空母舰长期保持高速航行,内部空间更加充裕,同时全舰的红外辐射特征更小,利于红外隐身。二是具有续航力和自持力强的优点,拥有近乎无限的航程,不需要海外基地支持,常规海上补给所需时间仅为常规动力航空母舰的 45% 左右,航空燃料和航空弹药搭载量是同样吨位的常规动力航空母舰的 2 倍左右。三是核动力航空母舰更加利于舰载机起降,既能够通过高速航行保障固定翼舰载机起降,也能够通过持续变速变向保障舰载直升机起降,还能够对蒸汽弹射器、升降机和拦阻装置快速充能,确保舰载机高强度连续出动效率。

在常规动力航空母舰方面,又可以细分为燃气轮机和蒸汽轮机两类。燃气轮机具有功率高、重量轻、尺寸小、起动快、变速灵活等优点,缺点是维护保养复杂。蒸汽轮机具有可靠性高、使用寿命长、维护保养相对简单等优点,极端情况下对燃油的质量标号要求低,缺点是重量和尺寸较大、油耗高、起动准备时间长。

总的来看，航空母舰采用核动力和常规动力各有利弊，各国都会根据自己的情况进行抉择。法国计划建造的下一艘7.5万吨级航空母舰，就决定放弃"戴高乐"号的核动力技术，改为传统的燃气轮机动力系统。英国新建的2艘伊丽莎白女王级航空母舰也采用燃气轮机作为主动力，成了世界第一款采用新型综合电力系统的航空母舰。

按生产国家分类

由于全球拥有航空母舰的国家数量较少，能够独立生产制造航空母舰的国家更是凤毛麟角。因此，还有一种分类方式就是按照生产航空母舰的国家进行分类，即美式航空母舰、英式航空母舰、法式航空母舰、意式航空母舰和苏式航空母舰等。

简单来说，美式航空母舰是清一色的核动力重型航空母舰，重视全球部署，远洋作战能力强、舰载机规模庞大、能够执行多样化任务，退役的美国航空母舰全部封存或用于毁伤试验，并不对外出售或拆解。英、法、意等北约国家受限于综合国力和舰载战斗机性能，无力维持长时间海外部署，主要执行本国领海防卫和干预其前殖民地国家的行动，因此航空母舰编队对舰载机规模要求不高，更多强调的是机动灵活性和维护保养开支。苏式航空母舰则从一开始就以反潜作战和掩护核潜艇出击为主要作战任务，强调独立对海作战能力，舰载机数量较少且型号单一，苏式航空母舰均装有强大的远程反舰导弹及各类自卫武器，海战能力堪比当时的巡洋舰。

美国封存的航空母舰总吨位也排在世界第二位。

已经变身航空母舰公园的苏联"明斯克"号航空母舰。

使命任务

航空母舰受各国发展战略、综合实力等因素的影响，在各国海军中担负的使命任务也有所不同。除了执行防空作战、反舰作战、反潜作战和对陆打击等常规任务外，航空母舰还可以在各种人道主义救援任务中使用，包括设立医院、仓库和收容中心，作为轻型运输机中转机场以及快速撤离大批民众等。下面对美、法、英、俄四国航空母舰的使命任务进行简要介绍。

美国航空母舰的使命任务

美国航空母舰是其作为世界超级大国的战略支柱之一，担负战略威慑、前沿存在、兵力投送、打击内陆目标等重要使命任务。在新的美国海军军事战略指导下，航空母舰是争夺区域制空权和制海权、瓦解敌方反介入/区域拒止能力、参加对陆打击及两栖登陆任务的主要力量，在各类非战争军事行动中也扮演不可或缺的角色。二战以来，美国在处置各类局部战争和危机事件中，85%以上都动用了航空母舰编队，足以证明航空母舰具备多样化军事行动能力。美国航空母舰的主要使命任务具体包括：一是在全球范围内保持可靠且不受制约的前沿存在和战略威慑。二是作为联合部队和多国远征军的核心，实施海上封锁和海空联合攻击行动，歼灭敌方海上军事力量。三是对敌方沿海和内陆重要目标实施持续的空中打击。四是为友军飞机和舰艇提供空中掩护，支援登陆作战行动和海上护航行动，保护全球的海上交通线。

美国"里根"号（CVN-76）航空母舰编队。

法国航空母舰的使命任务

法国海军认为，法国作为一个陆地和海洋大国，在世界范围内拥有众多利益，承担着各种国际义务，本国航空母舰需要具备在全球热点地区保持预防性部署和显示军事存在的能力，具备进行武装干涉、对海对陆打击、战略力量投送和参与维和行动的能力。法国航空母舰的主要使命任务包括：一是确保北大西洋战略物资交通线的安全。二是确保地中海海域通往非洲和中东地区的海上交通线安全。三是确保法国1100万平方公里的所有海外省、海外领地及其海上专属经济区的海洋资源和其他利益不受侵害。

英国航空母舰的使命任务

英国由于国力大幅衰退，目前正处于航空母舰的空窗期，早期的无敌级航空母舰已全部退役，新建的伊丽莎白女王级虽然一艘服役、一艘下水，但面临没有舰载机和护航驱护舰船的尴尬处境。英国皇家海军"伊丽莎白女王"号航空母舰甚至需要只身加入美国组建的联合海军航空母舰编队，在美军指挥体系下共同执行海外军事部署。英国对未来双航空母舰编队的主要任务构想包括：一是维持英国本土及其海外领地的防卫能力以及海上交通线的安全。二是以北约军事集团为基础，确保在大西洋和地中海地区的海上快速反应能力、热点地区军事干预能力和战略力量投送能力。三是与美国海军保持全球联合军事行动，做好盟友应尽的职责。四是致力于国际维和任务等非战争军事行动。

俄罗斯航空母舰的使命任务

苏联解体后，俄罗斯经济实力和工业能力全面衰落，已经失去了大型军舰的制造和维修能力。随着"库兹涅佐夫"号航空母舰在2018年船坞维修时遭遇塔吊倒塌事故而被迫进厂大修和升级改造，俄罗斯在2023年前均处于无航母可用的窘迫境地，下一代计划中的

法国"戴高乐"号航空母舰编队。

形单影只的英国"伊丽莎白女王"号航空母舰编队。

俄罗斯"库兹涅佐夫"号航空母舰编队。

核动力航空母舰更是遥遥无期。俄罗斯航空母舰原本的主要任务包括：一是在岸基航空兵作战半径以外执行反潜、反舰、制空和防空作战，为远洋舰队提供防空保护伞。二是扩大海上防御范围，发现并消灭敌方潜艇，掩护本方战略核潜艇突破岛链进入深海攻击阵位。三是控制地中海与黑海之间的达达尼尔海峡和博斯普鲁斯海峡，消灭敌方海上编队和近岸基地内的有生力量，掩护本方两栖登陆作战。四是实施武力威慑，保证国家在海外的利益。

战力标准

现代航空母舰是一款极为复杂的大型作战平台，涉及整个国防工业体系多个专业领域和核心技术，在不考虑舰载机性能差异的情况下，舰载机数量、舰载机出动率、航空母舰机动能力、信息化程度、战场生存能力、舰员编制数量等战术指标是评估一艘航空母舰战斗力强弱的主要依据，也是和平时期对各国不同型号现役航空母舰进行横向对比的主要途径。

舰载机数量

航空母舰的军事价值在于舰载机，因此航空母舰能够搭载的舰载机数量和种类是最关键的性能指标之一。舰载机数量除了因各型舰载机自身尺寸和各种机型配比方案产生一定影响之外，主要由航空母舰的满载排水量、飞行甲板空间和机库空间共同决定。

满载排水量，是衡量航空母舰综合作战性能的最基本指标之一，排水量的大小直接决定了航空母舰船体部分的外形尺寸和结构设计，也间接决定了航空母舰飞行甲板和机库的空间大小。重型航空母舰的飞行甲板宽度一般是船体宽度的 2 倍左右，中、轻型航空母舰飞行甲板宽度一般是船体宽度的 1.5 倍左右。

飞行甲板空间，主要包括飞行甲板的长、宽、面积等参数指标。各项参数越大，可以搭载的舰载机数量和型号就越多，航空母舰一次性可以投入作战的舰载机数量就越多。由于飞行甲板主要目的是保障各型舰载机起降，因此，甲板上每型舰载机能够停放的位置，必须严格按照不同型号航空母舰的飞行甲板功能区划分方式进行综合考虑和精准固定，以便作战时能够以最稳定、最快捷的方式进行甲板调度作业，避免因甲板调度工作流程混乱而出现各种时间冲突和进度延误。飞行甲板主要的功能区包括起飞区、降落区、待机区、停靠区以及各区之间的舰载机调度移动通道。在预留空中预警和对空拦截任务所需兵力的情况下，重型航空母舰的飞行甲板最多可以容纳舰载机 45 架左右，一波次可以出动 25~35 架舰载机参与进攻作战。中型航空母舰的飞行甲板则可以容纳舰载机 25 架左右，一波次可以出动 5~10 架舰载机参与进攻作战。轻型航空母舰则基本不具备同时组织空中防御和空中进攻的能力，往往需要一波次出动飞行甲板上的所有舰载机，才能保证对敌攻击的火力强度。

机库空间是一个不显著但极为重要的参数指标，这个指标不显著的主要原因是从航空母舰吨位上无法直观判断机库空间大小，例如采用不同动力系统的同等吨位航空母舰，其机库空间的差异就会相当明显，苏联航空母舰内部原有的反舰导弹等发射装置占据的舰体空间就会极大限制机库空间。这个指标极为重要的主要原因是由于海上超过 70% 的时间，气候和海况条件均相对恶劣，风浪、雨水、高温、高盐、高湿等都是影响飞行甲板上舰载机寿命的关键因素，将甲板上所有飞机全部收入机库是每艘航空母舰的必备能力之一。因此，机库面积大小才是决定航空母舰在正常战备与训练任务时（作战任务除外）能够携带舰载机最大数量的关键。重型航空母舰的机库面积一般为 6900~7000 平方米，中型航空母舰的机库面积一般为 3000~4600 平方米，轻型航空母舰的机库面积一般在 1900~2300 平方米。

另外，舰载固定翼预警机的出现极大地改变了海军航空兵的作战实力评价标准，是典型的"力量倍增器"。因此，航空母舰能否搭载和起降舰载固定翼预警机也成为区分各国现役航空母舰战斗力的显著标准之一。

舰载机出动率

舰载机出动率是指单位时间内航母能够出动的舰载机飞行架次，这个参数指标决定了航空母舰舰载机部队能够实际投入作战的最大强度。科学测算舰载机出动率是一项非常复杂但极为重要的工作，涉及的计算因素主要包括舰载机可用数量、任务完好率、任务飞行时间、飞行员数量、地勤人员工作效率（包括甲板调度效率、弹射器效率、升降机效率、拦阻索效率、弹药油料补给效率、维修检测效率等）等。以美国重型航空母舰为例，在理想情况下，尼米兹级的最大出动率为 140~160 架次 / 日，福特级的最大出动率为 180~200 架次 / 日，美国航空母舰的舰载机联队在 24 小时内最多可对 1080~1200 个目标进行打击。

机动能力

航空母舰的机动能力决定了其作战范围、部署周期和补给强度，主要指标参数包括最大航速、续航里程、自持力等，核动力航空母舰和常规动力航空母舰在这个能力上基本没有可比性。

最大航速，是指航空母舰能够达到的最大机动速度。核动力航空母舰一般为 27~30 节左右，并且能够长时间保持高速状态。常规动力航空母舰一般为 25~30 节左右，并且不可持续保持高速。

续航里程，是指航空母舰在没有外部补给情况下的最远航行距离。核动力航空母舰的续航里程近乎无限，每次更换核燃料可以航行 7~10 年，而最新型的美国福特级航空母舰则在全寿命周期内都不需要更换核燃料。常规动力航空母舰在经济航速下，中型航空母舰续航里程一般为 7000~10000 海里，轻型航空母舰续航里程一般为 4000~6000 海里。

自持力，是指航空母舰在没有外部补给情况下的独立部署时间。核动力航空母舰由于不需要补充燃油，受食物储备条件限制，自持力一般可达 45~60 天。常规动力航空母舰由于需要定期补给燃油，自持力一般为 18~35 天。

信息化程度

冷战期间设计制造并服役至今的航空母舰，属于机械化战争时代的产物，与后冷战时期设计制造的新型航空母舰在信息化和自动化方面都有明显差距，其信息化程度可以从舰员编制数量、指挥控制能力、电子战能力等指标上得到体现。

舰员编制数量，是指确保航空母舰正常发挥作战效能所需岗位编制的总和，包括各类舰载机的地勤人员和空勤人员。编制数量仅是一个参考指标，在实际作战部署时，各国航空母舰上的人员往往会超过这个数量。简单来说，同吨位航空母舰的舰员编制数量越少，则可侧面说明该舰的信息化程度和自动化程度较高，如最新的英国"伊丽莎白女王"号航空母舰舰员编制仅为 1600 人，而"库兹涅佐夫"号在搭载更少舰载机的情况下，舰员编制仍达到 2100 人。

指挥控制能力，是航空母舰作为海上编队指挥中心的能力，是在组织作战时的情报处理能力、态势融合能力、兵力控制能力、航空作业管理等的综合性指标，而具备信息化作战能力的航空母舰能够与其他作战平台实现互联、互通、互操作，美国的新型福特级航空母舰还具备支持美军网络中心战的能力。

电子战能力，是现代航空母舰的一个全新指标，主要目的是整合舰上各类电子设备，实现雷达抗干扰、通信抗干扰、电磁频谱管理以及各类天线/传感器集成，从而降低本舰电磁辐射强度，保障信息化系统稳定运行。新型航空母舰往往具备更少的外露天线、更紧凑的舰岛和桅杆设计、更强大的抗外部电子干扰和避免内部电子互扰的能力。

战场生存能力

航空母舰的威胁一般来自于空中和水下（从太空来袭的反舰弹道导弹目前仍无有效的拦截措施）。航空母舰的防御完全依靠舰载机和护航舰艇构筑的多层防线，航母自身一般仅装备近距自卫武器，用于对付"漏网之鱼"，主要包括近程防空导弹系统、近防炮系统、鱼雷诱饵发射系统、电子战诱饵弹发射系统等。

航空母舰的抗沉性设计是战场生存能力的关键指标，吨位越大的航空母舰抗导弹和鱼雷攻击的能力越强，舰体分段结构设计、水密设计、核生化防御系统和各类损害管制系统等更是从二战以来的实战和核试验中积累至今的重要成果。例如，美国的"独立"号航空母舰在 1946 年参加了名为"十字路口行动"的核弹爆炸试验，虽严重受损但并未沉没。美国的"美国"号航空母舰退役后，于 2005 年被美国海军用于进行爆破和防护试验，最终被炸沉在大西洋，为新航母结构设计积累了丰富的数据。

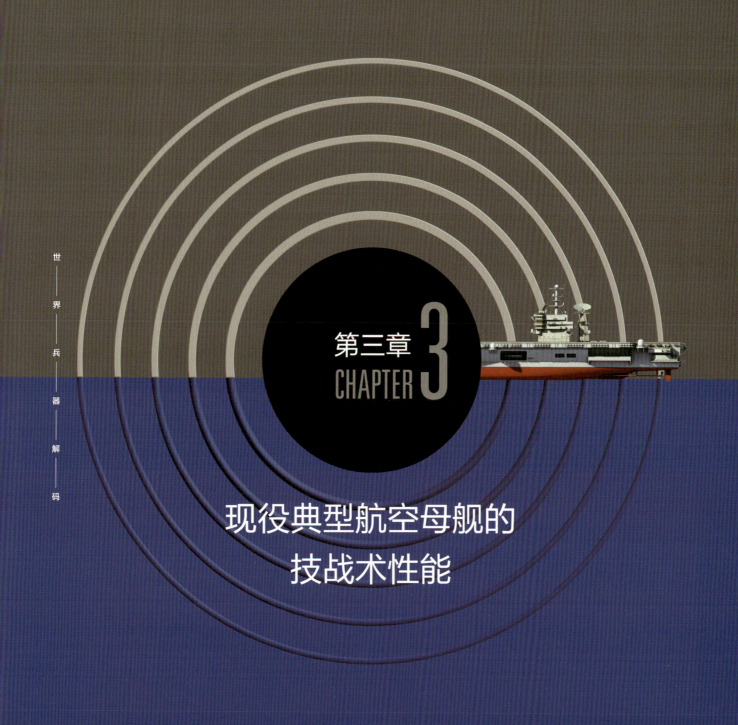

第三章

CHAPTER 3

现役典型航空母舰的技战术性能

世界兵器解码

美国"福特"号航空母舰

美国"福特"号航空母舰作为第三代核动力航母福特级的首舰，于 2005 年开始建造，2017 年 7 月 22 日正式进入美国海军服役，舷号 CVN-78，造价约 130 亿美元，是美国海军有史以来最昂贵的一艘作战舰船。该舰采用了大量高新技术成果，包括新型核动力技术、电磁弹射技术、新型拦阻技术、双波段雷达技术、雷达隐身技术、红外隐身技术、新型高强度钢材等。福特级航母计划在 2058 年之前建造 10 艘，以取代目前的尼米兹级成为美国海军新的舰队核心，其后续的 2 号舰"肯尼迪"号和 3 号舰"企业"号已分别于 2011 年和 2017 年开工建造。

舰船结构

整体结构设计

"福特"号航空母舰是在尼米兹级基础上设计的全新版本，在船体外形、整体结构和载机数量上都相差无几。该舰舰体长 332.8 米，宽 40.8 米，标准排水

美国"福特"号航空母舰。

"福特"号航空母舰

舷号：CVN-78

全称："杰拉尔德·R.福特"号航空母舰

是美国福特级航空母舰的首舰，是美国海军在役的第 11 艘航母。

"福特"号航空母舰 CG 图。

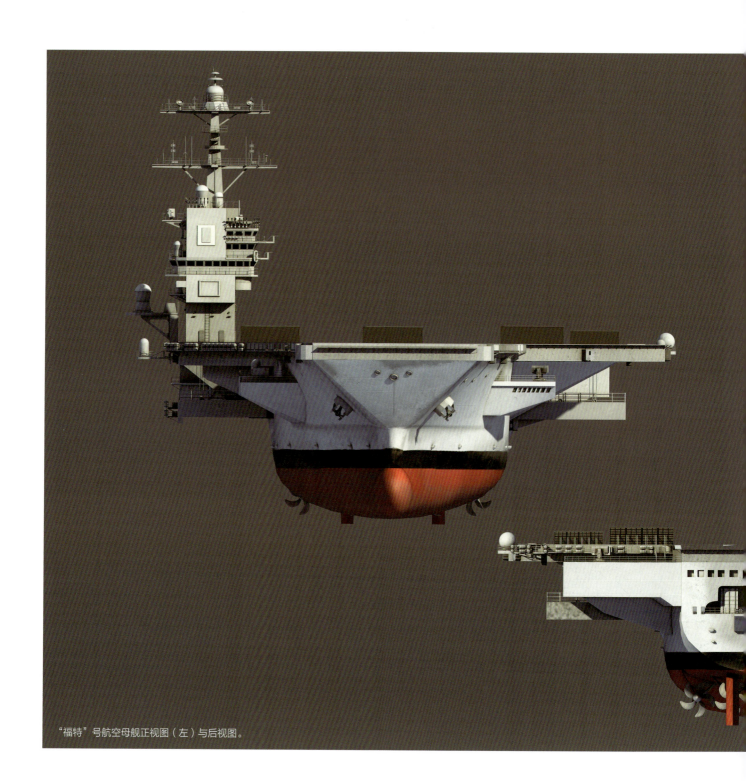

"福特"号航空母舰正视图(左)与后视图。

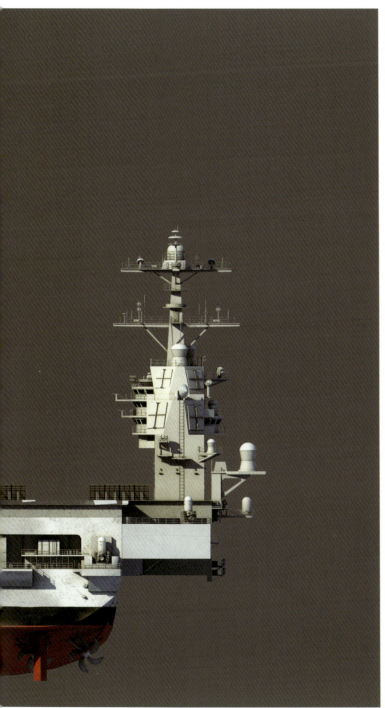

正在组装舰艏部件的"福特"号航空母舰。

"福特"号航空母舰海试归来。

量 10.2 万吨，满载排水量 11.2 万吨，全舰使用了全新开发的 HSLA-115 高强度钢和 HSLA-65 高强度低合金钢等材料，相比尼米兹级的钢材更硬、更轻、更坚韧。该舰舰艏依然采用球鼻艏设计，以减少航行阻力，增加舰艏浮力，降低纵摇幅度。舰岛在保证航行指挥和飞行控制视野、雷达通信设备安装以及减少降落区乱流的前提下，采用了更加轻量化的复合材料桅杆，进

第三章 现役典型航空母舰的技战术性能

"福特"号航空母舰后视图。

一步缩小了舰岛外形尺寸，并且布置在右舷更靠近舰艉位置，从而为舰岛前方的停机区和保障区留出了更大的作业空间。"福特"号航空母舰采用了隐身化设计理念，舰船整体线条更加简洁平整，各部位均敷设了雷达吸波材料和隔热材料，排气管顶部装有红外抑制设备，通过降低全舰的电磁波反射和红外辐射特征，进一步凸显电子对抗设备和各型诱饵弹的使用效果，从而有效降低本舰被敌方各类反舰导弹末制导头锁定的概率。该舰采用开放式体系结构设计理念，具备强大的升级改造空间，有利于下一步安装电磁炮、激光武器、新体制雷达等新型武器装备和先进信息系统。

飞行甲板设计

"福特"号航空母舰采用了全新设计的封闭式斜角飞行甲板，长 332.8 米，宽 78 米，相当于 3 个标准足球场大小，飞行甲板的有效使用面积比尼米兹级略大，舰艏和斜角飞行甲板各设有 2 个弹射起飞点，分别安装了 2 套电磁弹射器和偏流板。该舰的典型搭载

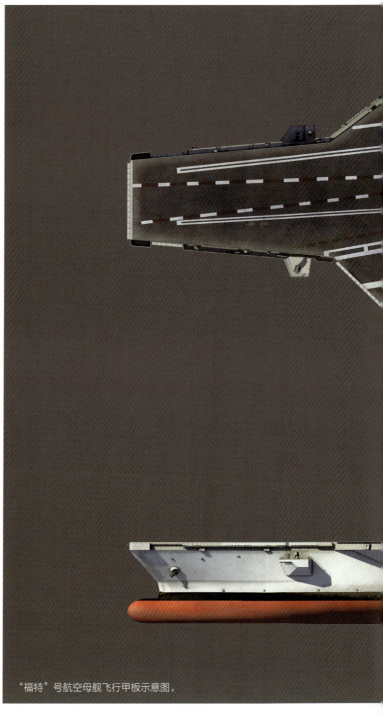

"福特"号航空母舰飞行甲板示意图。

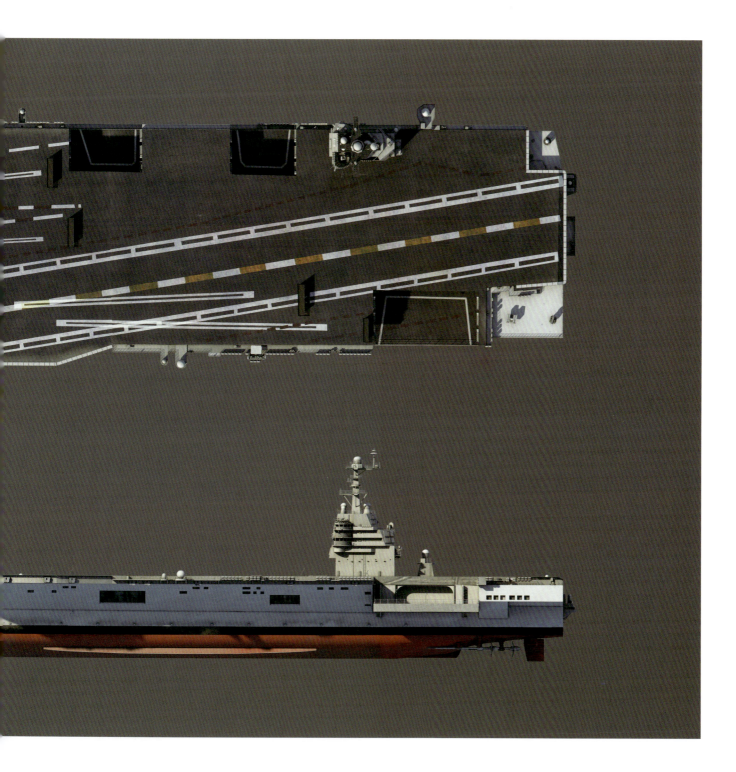

第三章 现役典型航空母舰的技战术性能

"福特"号航空母舰巨大平直的飞行甲板。

"福特"号航空母舰飞行甲板特写。

在"福特"号航空母舰降落的 MV-22B 倾转旋翼机。

一艘福特级航母（上）与一艘尼米兹级（下）航母组成的双航母编队。

方案同尼米兹级相同，主要包括 5 架 E-2D 空中预警机，6 架 MH-60R/S 多用途直升机，60 架 F-18E/F 舰载战斗机和 5 架 EA-18G 电子战飞机等。下一步，第四代 F-35C 舰载机将替代部分 F-18E/F 舰载战斗机，新型 MQ-25 舰载无人加油机也即将问世。该舰在执行非战争军事行动等多样化作战任务时，还可以停靠 MV-22B 倾转旋翼机等多种机型。"福特"号飞行甲板设计的最大特点是吸取了尼米兹级航母甲板作业经验，在划分降落区、起飞区、停机区和保障区时，引入了"一站式"保障概念，在右舷舰岛前方区域和左舷升降机附近区域集中设置了 18 个保障区，每个保障区均可独立进行舰载机加油、挂弹、充电、维修和检测等工作，进一步优化了舰载机调度路线、提升了甲板作业效率、简化了舰载机保障流程，舰载机整备时间能够由尼米兹级的 2 小时缩短至 1 小时左右，从而极大提升舰载机出动率。

机库区域设计

"福特"号航空母舰的机库目前还没有公布具体的尺寸，但从设计上看，整个机库共分为 3 个区，总面积应在 6900~7000 平方米，略大于尼米兹级航母或基本相当。"福特"号的舰载机升降机从尼米兹级的 4 台减为 3 台，左舷 1 台保留不变，右舷由于舰岛后移，只在舰岛前部设置了 2 台。由于总结了尼米兹级航母的甲板调度经验，因此"福特"号的 3 台舰载机升降机不仅没有降低舰载机的调运速度，反而提升了油料与弹药补给的作业效率，并且扩大了飞行甲板的停机区和保障区面积。舰载机升降机平台的基本性能指标同尼米兹级相当，长 25.9 米，宽 15.9 米，最大载荷 58.5 吨，可同时运输两架舰载机。该舰装备了 11 台新型弹药升降机，采用全新的电磁驱动方式，设计指标为最大载重 10 吨，运行速度 45 米 / 分钟。为确保安全，福特级与尼米兹级采用相同的弹药分段运输策略，仅 3 台弹药升降机可通向飞行甲板，其余则通往机库或其他甲板，每层甲板之间的分段运输仍需要人工进行。由于弹药升降机的位置均按照新的弹药运输流程进行了设计调整，因此能够有效提升弹药运输效率，并有利于减少全舰武器保障人员的编制数量。另外，本舰还采用了人工智能、自动遥感、自动化弹药库等新兴技术，装备了无人搬运车和自动挂弹机器人等设备，进一步提升了弹药保障能力。

"福特"号航空母舰首次公开的巨大机库。

"福特"号航空母舰机库内的弹药升降机舱门。

"福特"号航空母舰侧舷巨大的升降机平台。

"福特"号航空母舰右舷通往升降机平台的舷梯。

"福特"号航空母舰底层弹药库舱室外部的弹药升降机入口。

"福特"号航空母舰弹药升降机的飞行甲板出口。

配套区域设计

"福特"号航空母舰的舰岛由于占地面积大为减少，因此将美国航母传统的双层舰桥设计改为了单独一层的主舰桥设计，用于本舰航海指挥和舰载机群的作战指挥，全舰的作战指挥中心（CIC）则同尼米兹级一样位于甲板下层。在主舰桥靠飞行甲板一侧的上下两层还各设有一个小型舰桥，用于指挥舰载机起降和飞行甲板调度管理，同时，这种紧凑的舰岛结构也更加有利于提升全舰的隐身效果。该舰由于大量采用数字化系统和自动化设备，舰员编制数量比尼米兹级减少了约1200人，因此生活居住环境显著改善，取消了尼米兹级航母可以容纳上百人的大型士兵居住舱，改为若干个40人以下的小型士兵居住舱。士官居住舱由尼米兹级的8人间改为6人间，并且每个士官居住舱都配有卫生间和淋浴设备。舰上居住区与餐厅、休闲室、储藏室以及其他配套公共设施之间的布局更加科学，体现了动静分离的设计理念。餐厅设计更加开放，有多个不同方向的出入口，餐厅内部改进设计的食品传送带和厨房升降机等自动化设备也进一步减轻了后勤人员的工作强度。舰内的其他配套公共设施主要包括商店、教堂、理发室和医院等，能够确保满足官兵的基本生活需求。

"福特"号航空母舰正在整体吊装舰岛模块。

"福特"号航空母舰的舰桥内部。

紧凑的"福特"号航空母舰舰岛采用了一层主舰桥的设计方案。

动力系统

"福特"号航空母舰采用了同尼米兹级航空母舰一样的"四轴四桨两舵"方案,整个底层动力舱室的布局略向后移动,使得四根传动主轴的长度有所缩短。该舰采用 2 台新型大功率一体化 A1B 压水式核反应堆和 4 台新型蒸汽轮机,推进功率达到 104 兆瓦(1 兆瓦 ≈1341 马力),比尼米兹级略高,与企业级[一]相当,最大航速大于 30 节。其中,A1B 压水式核反应堆的功率比尼米兹级的 A4W 反应堆增加了 25%,发电量则 3 倍于尼米兹级,达到了 20 万千瓦(1 千瓦 ≈1.341 马力)水平,并且在"福特"号 50 年的设计使用寿命内均不用更换反应堆的燃料棒,真正具备了理论上的无限续

[一] 企业级航母唯一一艘建成服役的是首舰"企业"号。 ——编者注

贝蒂斯核动力实验室的 A1B 压水式核反应堆。

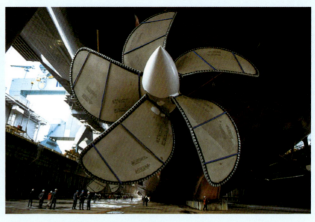

"福特"号航空母舰的五叶螺旋桨特写。

航能力。同时，A1B 压水式核反应堆还具备结构更加简单、重量更轻、稳定性更好的优点。得益于 A1B 压水式核反应堆的强大性能，"福特"号采用了先进的数字化电网系统和带状配电系统，能够为全舰所有武器系统、电磁弹射器、舰载机回收系统、自动化设备、生活用电设备等提供充足的电力供应和统一的用电管理，使得该舰成为世界上第一种所有舱室都有空调系统的航母。带状配电系统相比尼米兹级的辐射状配电系统，能够有效减少舰内铺设电缆的总长度，更加有利于未来为搭载各类新型高能武器系统进行的电源重新配置和设备升级改造留出空间。

舰电系统

指控系统

"福特"号航空母舰安装了先进的新一代综合作战指挥系统，对尼米兹级的协同作战系统（CEC）进行了全面升级。综合作战指挥系统能够满足美国海军最新的 IT-21 网络接入标准，能够将全舰所有指挥系统、管理系统、雷达系统、情报系统、通信系统、武器系统、电子战系统等相关数据进行实时融合处理，能够将航母编队内所有水面舰艇、舰载预警机、舰载战斗机等作战平台进行动态自动组网和数据交互共享，从而形成统一的实时或低延时战场态势，有效增强对目标的识别能力和跟踪精度，实现快速高效的联合作战能力，从而极大提升航母编队的综合作战效能。综合作战指挥系统在高速通信链路的支撑下，使得作战指挥层级更加扁平化，获取的情报信息更加可靠，"探测－识别－决策－交战－评估"过程更加迅速，更能够适应瞬息万变的信息化条件下体系作战需求。除此之外，"福特"号航母的各类信息系统也采用开放式架构和模块化设计，许多软硬件设备大量采用民用商品，有利于航母长期服役过程中的维护保养和更新换代。

"福特"号航空母舰的飞行甲板指挥调度中心。

"福特"号航空母舰拥有最先进的各类信息系统。

雷达系统

"福特"号航空母舰采用了美国雷声与洛克希德·马丁公司共同开发的双波段雷达系统（DBR），该系统已在DDG-1000朱姆沃尔特级隐身驱逐舰上得到了有效检验，从而一举解决了舰岛和桅杆上雷达型号繁多、硬件设备庞大、系统关联复杂、故障排查困难等问题，为舰岛占地面积缩小、人员编制缩减和全舰隐身化设计等奠定了基础。双波段雷达系统主要由X波段的AN/SPY-3多功能雷达和S波段的AN/SPY-4广域搜索雷达组成，每个波段各有3个采用数位波形控制的矩形有源相控阵天线，分布在舰

"福特"号航空母舰的舰岛右侧特写。

岛的正前方、左后方和右后方3个方向，两型雷达共用一套信号处理系统和显控设备。其中，AN/SPY-4广域搜索雷达的天线阵列拥有2688个T/R模块，矩形阵面的面积较大，主要用于远程对空预警探测和目标跟踪。AN/SPY-3多功能雷达的天线阵列由625个8通道的T/R模块组成，矩形阵面的面积较小，主要用于对中低空和海面目标的探测和跟踪，并且为本舰的防空导弹和"密集阵"近程防御系统提供火控目标指示。相比尼米兹级的传统雷达体制，双波段雷达系统的跟踪目标数量更多、灵敏度更高、反应速度更快、抗饱和攻击能力更强，并且该雷达系统对从太空再入大气层的反舰弹道导弹也具备一定的探测能力，为航母采取有效的末端防御措施创造了基本条件。除双波段雷达系统外，舰上还装备了少量AN/SPS-73V（18）导航雷达和用于RIM-162防空导弹的MK-95火控雷达等传统体制的雷达系统。

武器系统

"福特"号航空母舰除了可以搭载最新的第四代F-35C隐身舰载机和第一款MQ-25舰载无人加油机外，

RIM-162 防空导弹系统。

RIM-116 防空导弹系统。

MK-15型"密集阵"近程防御系统。

AN/SLQ-25C 鱼雷反制系统。

其余舰载武器系统与尼米兹级的"布什"号（CVN-77）基本相同，主要包括 2 座 8 联装的改进型 RIM-162 防空导弹发射系统，2 座 RIM-116 防空导弹发射系统，3 座 MK-15 型"密集阵"近程防御系统，以及若干挺 12.7 毫米口径重机枪等，分别安装于舰体两舷侧和舰艉外侧，为本舰提供全方位的近程防护。其中，改进型 RIM-162 防空导弹发射系统采用了新的数据链，自动化程度更高，反应速度更快，对抗来袭反舰导弹饱和攻击的能力得到一定增强。另外，本舰还装有 AN/SLQ-25C 鱼雷反制系统、电子对抗设备和诱饵弹发射装置等自卫武器。

配套系统

"福特"号航空母舰相比尼米兹级还装备了多套全新设计的系统，主要包括电磁弹射系统、先进飞机回收系统、联合精确进场着陆系统、反渗透海水淡化系统和等离子体垃圾处理系统等。其中，电磁弹射系统是最具革命性的技术成果之一，该系统能够克服蒸汽弹射器弹射重量限制、淡水消耗限制和弹射充能限制等缺点，有效缩短弹射准备时间，提升各型舰载机和无人机出动率，减少弹射器操作人员数量，提升飞行员在弹射时的舒适性。先进飞机回收系统同样是一款创新技术成果，该系统由 3 根拦阻索、数字控制设备、电磁拦阻器和各型滑轮等部件组成，能够克服传统液压缓冲设备的拦阻吨位限制，有效减少不同重量舰载机和无人机降落前的拦阻索调试准备时间，解决了舰载机降落的先后顺序问题和带弹降落问题，从而变向提升舰载机出动效率。联合精确进场着陆系统采用的舰载机 GPS 定位技术，相比以往的光学辅助和雷

"福特"号航母模型的电磁弹射器结构。

"福特"号航母可升降的电磁弹射器控制室。

先进飞机回收系统其中 1 根拦阻索的结构示意图。

达引导降落等技术更加精确,从而提升了舰载机着舰安全性和落点准确性,这也是促使拦阻索数量由尼米兹级的 4 根减少为 3 根的原因之一。反渗透海水淡化系统能够克服传统淡化设备需要消耗大量蒸汽的问题,每日海水淡化能力有了数倍增长,足够保障全舰各种用水需求。等离子体垃圾处理系统能够将大量塑料和餐厨垃圾瞬间高温气化,从而节省舰上垃圾存储空间,减少垃圾上岸处理费用。

综合评价

"福特"号航空母舰作为美国最新一代的核动力

美国"福特"号航空母舰。

航母,集诸多先进技术成果于一体,体现了美国海军对重型航空母舰在未来海上作战行动中的定位和期望,同时也进一步拉开了美国与世界其他国家在航空母舰研发制造方面的巨大差距。福特级航母作为美国全球海上霸权的延续,注定将成为未来五十年内新的"海上霸主"。需要指出的是,"福特"号航母大量采用先进技术而导致的问题也非常突出,电磁弹射器、先进飞机回收系统、弹药升降机和雷达电子设备等均暴露出故障率高、稳定性差、关联性过高、性能指标达不到设计要求等问题。2017 年,该舰成为美国史上唯一没进行"全舰防爆冲击测试"就仓促服役的航母。2020 年,该舰才勉强通过飞行甲板资质认证和空管中心资质认证,至今仍作为美国海军在东海岸唯一的训练航母使用,距离排除各类技术问题,完全形成远洋作战能力还有很长的路要走。

美国"尼米兹"号航空母舰

"尼米兹"号是美国海军尼米兹级航空母舰的首舰,于 1968 年开始建造,1975 年正式进入美国海军服役,舷号 CVN-68,当时造价约 8.5 亿美元。"尼米兹"号是继"企业"号(CVN-65)之后的美国第 2 代核动力航空母舰,该级舰的诞生标志着美国海军全面迈入核动力航母时代。在 40 多年的漫长时光中,尼米兹级共建造 10 艘,各舰规格和装备均有一些差异,大致可分为三个批次,第一批次为"尼米兹"号(CVN-68)、"艾森豪威尔"号(CVN-69)和"卡尔文森"号(CVN-70)

美国"尼米兹"号航空母舰。

3艘,第二批次为"罗斯福"号(CVN-71)、"林肯"号(CVN-72)、"华盛顿"号(CVN-73)、"斯坦尼斯"号(CVN-74)和"杜鲁门"号(CVN-75)5艘,第三批次为"里根"号(CVN-76)和"布什"号(CVN-77)。美国海军对不同批次没有进行区分,统一归类为尼米兹级航空母舰。

舰船结构

整体结构设计

"尼米兹"号航空母舰的舰体长332.8米,宽40.8米,标准排水量8.16万吨,满载排水量9.15万吨,舰体结构主要采用HY-80高强度低合金钢,装甲结构主要采用HY-100超高强度低合金钢。该舰共有12层甲板,第1层是飞行甲板,第2~4层为机库甲板,上层甲板和底部外板采用纵骨架式结构,机库甲板以下采用水密结构。水线以下船体由3层构成,设有5道纵向防雷舱壁,水下结构抗爆能力可达545~681千克TNT炸药当量。舰内总共设有23道横向水密舱壁、10道防火舱壁和2000多个水密舱室,装备了先进的泡沫灭火系统、水泵系统和分区损管指挥系统。其中,水泵系统能在20分钟内将倾斜15°的船体恢复至水平状态。该舰延续了美式航母2个主弹药库的传统设计,分别布置在远离核反应堆和推进系统等重要舱室的区域,每个独立舱室均由强力箱型结构的装甲钢板保护。"尼

"里根"号（CVN-76）航空母舰部分结构示意图。

"尼米兹"号航空母舰后视图。

尼米兹级航空母舰

是美国海军的一型现役核动力多用途航空母舰，亦是美国海军远洋舰队的核心力量，可搭载多种不同用途的舰载机对敌方飞机、船只、潜艇和陆地目标发动攻击，并保护美国海上舰队和海洋利益的安全。

尼米兹级航空母舰 CG 图。

"尼米兹"号航空母舰夜间灯光效果。

米兹"号可装载航空燃料 8600 吨,航空弹药 2970 吨,保障了舰载机的持续作战能力。后续批次的尼米兹级航母在内部结构上不断进行改良和优化,采用了性能更好的 HSLA-80 和 HSLA-100 高强度低合金钢,弹药库和作战指挥室等部位加装了凯夫拉复合装甲材料,尺寸和吨位不断增大。

飞行甲板设计

"尼米兹"号航空母舰采用与小鹰级航母类似的封闭式斜角飞行甲板,斜角甲板与舰体中心线夹角由小鹰级的 11.3°改为 9.5°,以减小舰载机受舰艉乱流的不利影响,从而提升舰载机降落的安全性。该舰飞行甲板长 332.9 米,宽 76.8 米,斜角甲板长 237.7 米,共安装有 4 部 C-13-1 型蒸汽弹射器,其中 2 部安装在舰艏起飞弹射区,另外 2 部安装在斜角甲板前端,从而使舰载机弹射出动率理论上可以达到每分钟 8 架次。该舰在斜角甲板着舰区后部设有 4 道拦阻索和 1 道应急拦阻网,在舰艉左舷侧设有 MK6-2 型"菲涅尔"透镜式光学助降系统和着舰信号官(LSO)作业平台,配合舰岛上的舰载机引导雷达和着舰制导雷达等先进

"尼米兹"号航空母舰飞行甲板俯视图。

"尼米兹"号航空母舰拥挤有序的飞行甲板。

F-18 舰载机从斜角甲板弹射起飞。

E-2 系列预警机是美国航母称霸海上的关键武器平台之一。

第四代 F-35C 舰载机已完成上舰测试。

尼米兹级航母正在更新飞行甲板的防滑涂层。

电子设备，为舰载机着舰提供了全天候和全方位的安全保障。"尼米兹"号飞行甲板分为降落区、起飞区、停机区和整备区等，其中，整备区由舰岛前后两侧的区域组成，舰岛前侧至舰艏弹射器之间均属于前侧整备区范围，直通飞行甲板的 3 部弹药升降机均集中在这个区域，主要进行弹药补给作业。舰岛后侧整备区主要进行舰载机油料补给和检修工作。"尼米兹"号航母能够搭载 1 个标准配置的舰载机联队，各型飞机总数在 84 架左右，特殊情况下可以搭载约 100 架舰载机进行作战行动。

机库区域设计

"尼米兹"号航空母舰的机库采用密闭式结构，长 208 米，宽 33 米，高 8.07 米，总面积约 6800 平方米，比企业级航空母舰增大 300 余平方米。机库整体位于略偏船体右舷位置，左舷其余部分空间用于布置

"尼米兹"号航母正视图(左)与后视图。

"尼米兹"号航母机库内的舰标。

"尼米兹"号航母机库内景。

"尼米兹"号航母的舰载机升降机平台。

第三章 现役典型航空母舰的技战术性能

"尼米兹"号航母飞行甲板上的弹药升降机。

必要时舰员可通过右舷升降机平台运输弹药至整备区。

航空人员办公室、各类控制室和各层甲板通道等，机库前方是士兵住舱和锚链舱，机库后方是舰载机维修舱室。机库内可由 2 道防火舱壁分成 3 个独立的停机区域，机库内总共设有 6 个飞机加油站和多个整备区。该舰装备了 4 台舰载机升降机，分别是左舷尾部 1 台和右舷 3 台，每台舰载机升降机平台长 25.9 米，宽 15.9 米，面积约 412 平方米，平台自重 105 吨，最大载重量 47.6 吨，能够同时运输 2 架舰载战斗机，升降机平台从飞行甲板至机库往返一次需耗时 60 秒左右。"尼米兹"号航母全舰共有 11 台弹药升降机，有 3 台能通向飞行甲板的整备区，其余弹药升降机均分布在各层甲板和机库内，每台弹药升降机最大载重 4.5 吨，运行速度 30 米 / 分钟，性能较小鹰级有了较大提升。该舰为保证自身安全，采用弹药分段运输方式，所有弹药只能在飞行甲板的整备区才能挂载到飞机上。因此，弹药保障人员需要严格按照人工运输路线和规定操作流程进行弹药出库、引信组装、检查验收和分段转运，当弹药升降机将弹药送上飞行甲板时，所有舰载机起降作业必须暂停，平均每架舰载机完成加油、挂弹和检查作业总共需耗时 2 小时左右。

配套区域设计

"尼米兹"号航空母舰的舰岛位于右舷侧中部略靠后位置，舰岛上设有编队指挥、航海指挥和飞行指挥等 3 层舰桥，全舰核心的作战指挥中心（CIC）则位于甲板下层。舰岛顶部前端安装有 AN/SPS-48E 三坐标对空搜索雷达的大型平板式天线，顶部中间是 1 座搭载多型雷达天线的主桅杆。舰岛后方设有一座封闭式的独立桅杆，顶部安装了 1 部曲面框架式的 AN/SPS-49（V5）远程对空搜索雷达天线，这与"企业"号航母将所有雷达天线集中布置在舰岛上层的设计有所不同，主要原因是为了避免雷达之间的电磁互扰。随着雷达技术的不断发展，后期批次的尼米兹级则再次采用了舰岛集中式布置方案，取消了舰岛后方的独立桅杆。"尼米兹"号航空母舰的球鼻艏设计较小，在实际作战行动中，存在使用蒸汽弹射器导致舰艇纵摇下沉的情况，后续批次航母增大了球鼻艏的尺寸，进一步提升了舰艏浮力和稳定性，使得后续尼米兹级航母能够同时弹射 3 架舰载机。该舰生活舱面积比较紧凑，居住条件比较艰苦，每个士兵舱需要居住上百人，铺位均为 3 层结构，几乎没有个人物品空间，并且每个生活舱只能共用 1 个公共卫生间和浴室。作为一座名副其实的"海上城市"，"尼米兹"号航母设有厨房、餐厅、洗衣店、医院、教堂、广播站、电影厅、图书馆、邮局和理发店等配套设施，可以满足近 6000 人的基本生活需求。

动力系统

"尼米兹"号航空母舰采用了大型舰船典型的"四轴四桨两舵"方案，核动力装置为 2 座 A4W 压水反应堆和 4 台蒸汽轮机，相比"企业"号航母的 8 座 A2W 压水反应堆，节约出了更多的舰内空间用于存储航空燃油和航空弹药。A4W 压水反应堆热效率为 25.6%，每个反应堆为 2 台蒸汽轮机提供高压蒸汽，每台蒸汽轮机负责驱动 1 个传动轴末端的螺旋桨，每个螺旋桨直径约 6.4 米，重约 30 吨。该舰整个推进系统总功率

"尼米兹"号航空母舰的舰桥内景。

"尼米兹"号航空母舰的飞行甲板指挥调度中心内景。

西屋公司的 A4W 核反应堆。

第一次进坞大修的"尼米兹"号航空母舰。

舰电系统

指控系统

"尼米兹"号航空母舰早期装备的指控系统信息化程度较低,主要包括海军战术资料系统(NTDS)和反潜目标鉴定分析中心(ASCAC)两个独立模块,仅能起到辅助作战指挥的效果。随着信息技术的飞速发展,该舰在中期大修时加装了新一代的先进战斗指挥系统(ACDS),该系统是海军战术资料系统(NTDS)的全面升级版本,具有更大的海空监视范围和更多的目标融合能力,能够将各型雷达、电子、红外等探测系统的数据进行自动处理、航迹显示、目标识别和威胁判断,以更直观的图形显示方式为作战指挥人员提供信息支持。该系统在新的数据链技术基础上,具备强大的数据交互和分发能力,能够在航母编队内实现态势共享,能够与航母编队以外的上级和友邻单位进行数据交互。紧急情况下,该舰还可以直接响应总统命令,并在1分钟内获得战术核武器的使用授权。后

为26万马力,最大航速30节,低于"企业"号总功率28万马力和最大航速35节的指标,主要原因是更大功率的新型蒸汽弹射器在弹射飞机时对航母迎风高速运动的要求有所降低。为了防止压水反应堆故障,该舰还装备了4台应急柴油机,这种动力组合方案一直延续至后续的福特级航母。1998年,"尼米兹"号成为第一艘回厂进行中期综合大修(RCOH)的航空母舰,除服役23年后首次更换核燃料棒外,还对全舰舰体结构、指挥系统、武器系统、雷达系统和通信系统等进行了全面升级和改造,总共耗时33个月。后续批次尼米兹级改为每25年更换一次核燃料棒,并且都参照首舰"尼米兹"号的维护计划和改进方案确定了轮换进厂的时间节点。

尼米兹级航母的作战指挥中心(CIC)。

尼米兹级航母的 ACDS 操作台位。

"尼米兹"号航母雷达系统主要集中在舰岛上层和后方独立桅杆。

续尼米兹级航母虽然中期大修的时间各不相同,但作战指控系统性能和功能均在不断升级完善,"里根"号(CVN-76)更是第一艘装备了整合指挥网络(ICAN)系统的航母,从而具备了对全舰所有系统联网实施集中管理的能力,以及组织实施信息化条件下"网络中心战"的能力。

雷达系统

"尼米兹"号航空母舰的雷达系统由多型雷达组合而成,主要包括 1 部 S 波段的 AN/SPS-48E 三坐标对空搜索雷达、1 部 AN/SPS-49(V5)型远程对空搜索雷达、1 部 AN/SPS-67(V)型平面对海搜索雷达、1 部 AN/SPS-64(V)型导航雷达、1 部 AN/SPN-41 空中管制雷达、2 部 AN/SPQ-9A 追踪雷达、3 座 MK-91 防空导弹火控雷达和 1 部 URN-25 型空中战术导航系统等。其中,AN/SPS-48E 三坐标对空搜索雷达采用旋转式的矩形天线阵列,天线阵面由 73 根波导管组成,具有高增益、低旁瓣和抗电子干扰能力强的优点,对于雷达散射截面积 5 平方米的空中目标探测距离为 350 公里,对于雷达散射截面积 1 平方米的空中目标探测距离为 145 公里。AN/SPS-49(V5)型远程对空搜索雷达是美国海军相当先进的一款二坐标对空搜索雷达,采用曲面框架式天线,具备较好的远程对空预警探测能力,电子对抗性能和自动目标探测性能显著提升,最大探测距离能够达到 460 公里以上。

武器系统

"尼米兹"号航空母舰早期安装有 3 套近程点防御导弹系统（BPDMS），每套系统由 1 个人工操作的 MK-71 雷达/光学瞄准平台和 1 座 8 联装的 MK-25 近程防空导弹发射装置组成。在中期综合大修（RCOH）后，该舰武器系统改为 2 套 MK-31 近程防空导弹系统、3 套改进型点防御导弹系统（IPDMS）和 3 座"密集阵"近程防御系统。每套改进型点防御导弹系统（IPDMS）由 1 台 MK-91 火控雷达和 1 座 8 联装 MK-29 近程防空导弹发射装置组成，分别部署在舰艉左右舷外侧平台和舰艏右舷外侧平台。另外，该舰还装备了 AN/SLQ-25 鱼雷反制系统、SLQ-29 电子对抗系统和 4 座 6 管 MK-36 型箔条干扰弹发射器等自卫武器。其中，AN/SLQ-29 电子对抗系统主要由 1 套 WLR-8 雷达告警设备

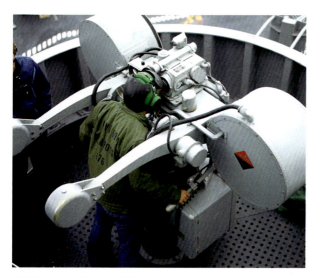

早期的 MK-71 雷达/光学瞄准平台（已拆除）。

8 联装的 MK-29 近程防空导弹发射装置。

MK-31 近程防空导弹系统。

"密集阵"近程防御系统。

AN/SLQ-25 鱼雷反制系统。

8 架舰载机后就必须暂停弹射起飞作业，等待动力系统的蒸汽压力恢复。着舰拦阻系统为 MK-7 型飞机降落拦阻系统，该系统针对不同型号和重量的飞机需要较长时间调整制动机配重，因此舰载机降落时必须严格按照机型顺序降落并抛弃部分外挂武器，其他机型则需在空中利用伙伴加油方式盘旋待机，直至拦阻系统重新设置就绪。海水淡化系统由 4 台海水淡化设备组成，能够每日转化 182 万升淡水，以保障全舰人员生活用水和动力系统蒸汽用水需要。

和 1 套 AN/SLQ-17 电子干扰机组成，后期升级为 AN/SLQ-32（V）4 型电子战系统。

配套系统

"尼米兹"号航空母舰的配套系统主要包括通信系统、蒸汽弹射系统、着舰拦阻系统、海水淡化系统和全舰核生化防护系统等。其中，通信系统包括卫星通信系统、舰载全球指挥控制卫星系统、Link 系列数据链设备、SRR-1 文电业务接收设备、WSC-3（UHF）卫星通信设备、WSC-6（SHF）国防卫星通信终端设备等。蒸汽弹射系统主要由 4 台 C-13-1 型蒸汽弹射器组成，每台弹射器轨道长 99.01 米，最大弹射行程 94.49 米，能将 34 吨重的舰载机加速至安全起飞速度，能够满足最大战斗载荷的 F/A-18E/F 舰载战斗机和 E-2C/D 舰载预警机的弹射起飞需求。该型弹射器所需的蒸汽压力比"企业"号的弹射器低，从而有利于减少蒸汽用量，延长弹射系统寿命。该舰 4 台弹射器理论上能保持每分钟弹射 2 架舰载机的速度，但实际由于蒸汽消耗限制，在高速航行状态下弹射

准备弹射起飞的 F/A-18C 舰载战斗机。

拦阻着舰的 F/A-18C 舰载战斗机。

第三章 现役典型航空母舰的技战术性能 047

综合评价

尼米兹级航空母舰是美国海军第一款"量产"的核动力航空母舰,仅 10 艘尼米兹级航母的总吨位就超过 100 万吨,远远超过了世界绝大多数国家海军舰船的总吨位。有研究指出,1 个尼米兹级航母编队的作战能力就相当于 1944 年菲律宾海战中,由 15 艘航母和 900 多架舰载机组成的美国第 58 特遣舰队的综合作战能力。虽然这个对比没有实际意义,但数十年来每一艘尼米兹级的服役,确实都代表了当时全球最先进的航母制造水平,并且不断刷新美国自己保持的世界最大航母纪录,其作战能力、技术性能、现代化程度更是远远领先其他国家的航空母舰。尼米兹级航空母舰使美国海军具备了更加强大、持久、可靠的远洋部署能力,为美国主导国际事务和实施全球战略提供了坚实的力量保障。

英国"伊丽莎白女王"号航空母舰

"伊丽莎白女王"号是英国伊丽莎白女王级航空母舰的首舰,于 2009 年开始建造,2017 年 12 月正式进入英国皇家海军服役,舷号 R08,造价约 55 亿美元。该舰是冷战结束后,英国根据自身国防需要设计建造的第一款多用途中型航母,标志着英国这个"元老级"航母国家在没有航母多年以后,终于再次进入全球航母俱乐部,并且代表着航空母舰一个全新的发展方向。2 号舰"威尔士亲王"号于 2011 年 5 月开工,2019 年

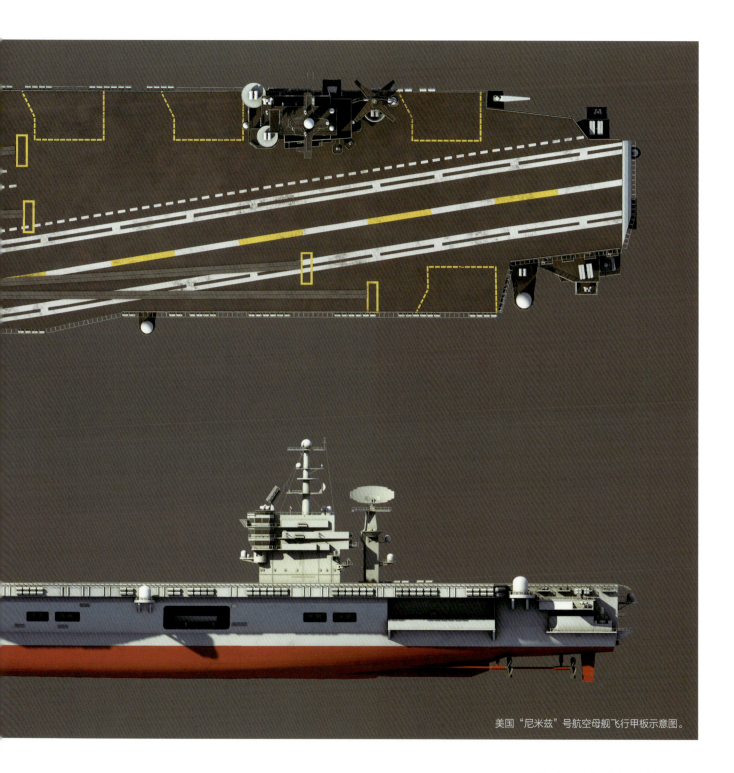

美国"尼米兹"号航空母舰飞行甲板示意图。

英国"伊丽莎白女王"号航空母舰。

伊丽莎白女王级航空母舰
是英国皇家海军隶下的一型航空母舰,是一型采用传统动力,其舰载机采用短距/垂直起降方式的双舰岛多用途航空母舰。

12 月正式进入英国皇家海军服役(舷号 R09),满载排水量超过"伊丽莎白女王"号,成为英国皇家海军有史以来最大的军舰,也使得英国拥有了久违的双航母阵容。

舰船结构

整体结构设计

"伊丽莎白女王"号航空母舰舰体长 280 米,宽 39 米,标准排水量 5.9 万吨,满载排水量 6.5 万吨,采用了"全通甲板 + 滑跃起飞 + 垂直降落"这种以往仅在轻型航母和两栖攻击舰上采用的设计方式,使得该舰更像一艘大型化的轻型航母。这种注重经济实用性的设计思路限制了航母可用的舰载机类型,导致固定翼预警机、空中加油机和电子战飞机等无法上舰使用。由于受英国国防经费限制和皇家海军战略变化的影响,该舰主要定位于执行热点地区旷日持久的低烈度空中

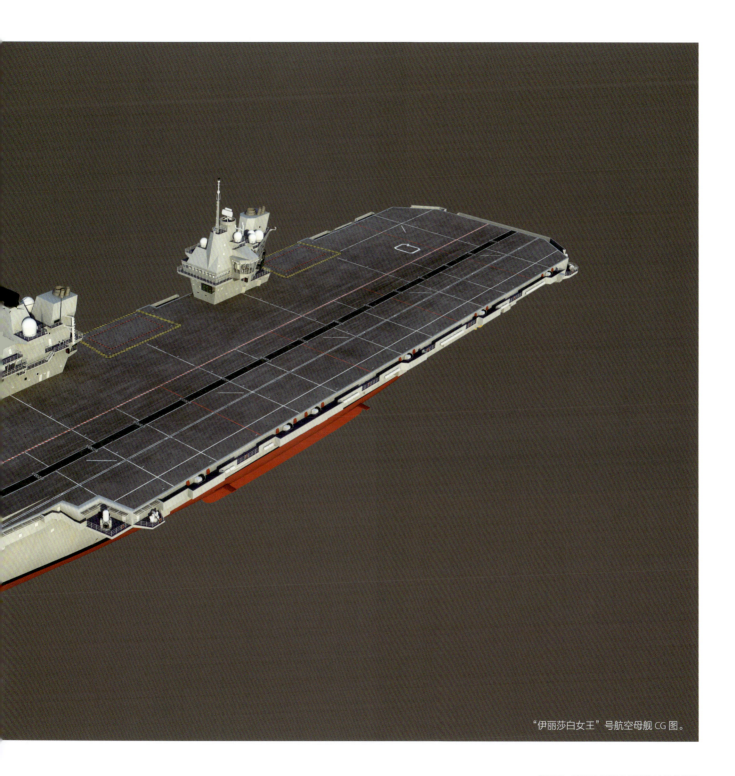

"伊丽莎白女王"号航空母舰 CG 图。

支援任务和两栖作战任务，因此，依靠先进的F-35B舰载机和各型直升机已足以胜任。同时，该舰在整体结构设计时，预留了加装2台蒸汽弹射器和拦阻索设备所需的下层甲板空间，当未来需要与强敌进行高强度海上交战时，可以立即进行改装以增强舰载机部队的整体作战能力，从而极大提升该舰全生命周期内的整体效费比。"伊丽莎白女王"号航母首次采用独特的"双舰岛"设计，并应用了大量民用船舶的建造方式和工艺技术，由多家公司对6个舰体模块、6个中层模块、12个舷台模块和2个舰岛模块进行分段建造和联合总装。该舰从最底层甲板至舰岛顶端共有14层，飞行甲板以下共有9层，纵向设有18道水密隔舱，仅在重要部位装有装甲钢板和凯夫拉复合装甲材料。

"伊丽莎白女王"号航空母舰舰艏特写。

正在运输途中的"伊丽莎白女王"号航空母舰舰体模块。

"伊丽莎白女王"号航空母舰右舷特写。

"伊丽莎白女王"号航空母舰正在进行海上测试。

载机的极限起降能力,作战首日的舰载机出动率最大可达 100~108 架次,10 天后递减至 65~70 架次/日,持续作战出动能力是无敌级航母的 7~8 倍,远高于世界现役的其他常规动力航母。

英国再次迎来了久违的双航母时代。

"伊丽莎白女王"号航空母舰加装弹射器和拦阻索的斜角飞行甲板想象图。

飞行甲板设计

"伊丽莎白女王"号航空母舰的飞行甲板没有采用中型航空母舰常用的斜角甲板设计,主要是由于 F-35B 舰载机的起降方式对起飞区和降落区的隔离要求不高,并不影响舰载机出动效率。同时,单一跑道的"全通式"飞行甲板使得固定停机位数量大增,并且有利于甲板调度作业。该舰飞行甲板长 280 米,宽 73 米,滑跃起飞区的跑道宽 18 米,分为远、近两个起飞点,分别长 260 米和 162 米。其中,远起飞点能够保证 F-35B 舰载机满负荷起飞。位于舰艏左侧的滑跃平台向上倾斜 12°,没有采用传统的一体式设计,而是在平整飞行甲板上附加的一个模块,以便未来加装蒸汽弹射器和拦阻索装置后,能够快速拆除滑跃平台,恢复为经典的斜角飞行甲板样式。"伊丽莎白女王"号与福特级航母一样,采用了"一站式"保障理念,舰载机能够在飞行甲板多个保障区同时进行加油、挂弹和检测等工作,极大提升甲板作业效率,使得该舰具备 15 分钟放飞 24 架舰载机,24 分钟回收 24 架舰

"伊丽莎白女王"号航空母舰俯视图。

F-35B 舰载机从"伊丽莎白女王"号航空母舰上滑跃起飞。

"伊丽莎白女王"号航母正视图（左）与后视图。

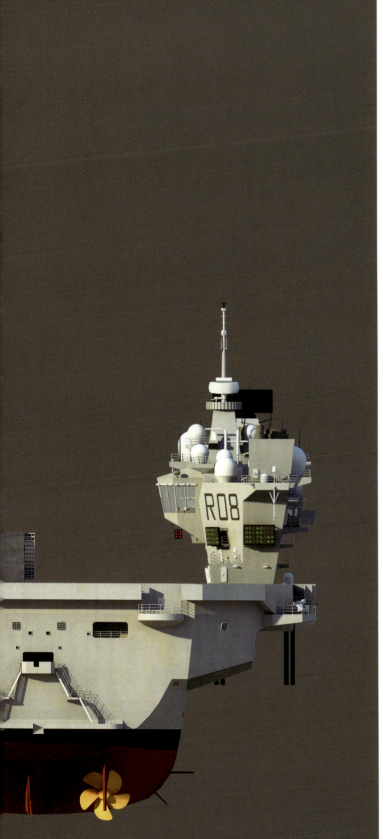

"伊丽莎白女王"号航母的 F-35B 舰载机准备垂直降落。

"伊丽莎白女王"号航母执行两栖作战任务时可以搭载 AH-64 武装直升机。

第三章 现役典型航空母舰的技战术性能

EH-101 "灰背隼"直升机包含多个型号（预警、反潜、运输）。

"伊丽莎白女王"号航母飞行甲板夜间灯光效果。

机库区域设计

"伊丽莎白女王"号航空母舰的机库位于飞行甲板下层，采用封闭式设计，长 163 米、宽 26 米、高 7.1 米，总面积约为 4200 平方米，设有多个维修区和配件仓库，可以停放 20~25 架舰载机。由于右舷空间被 2 套动力系统的烟道占据，机库面积比法国"戴高乐"号航母还少 400 平方米左右。该舰的最多舰载机配置为 30 架

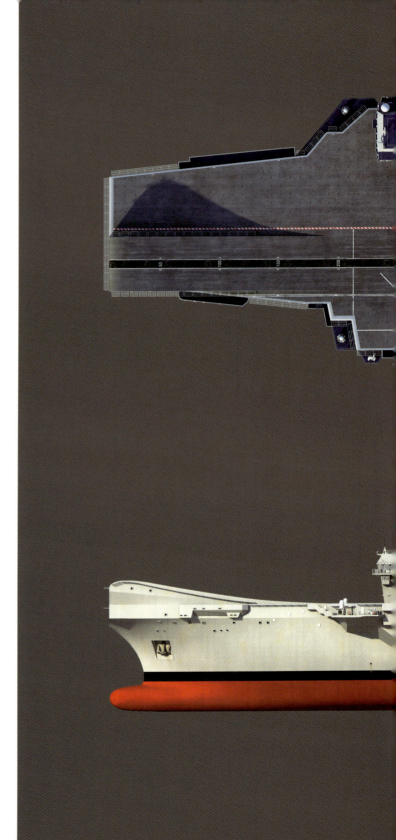

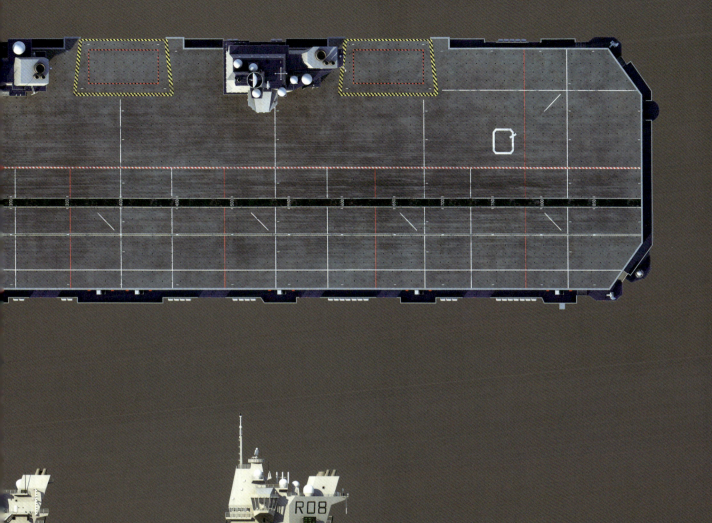

"伊丽莎白女王"号航母飞行甲板示意图。

第三章 现役典型航空母舰的技战术性能

"伊丽莎白女王"号航母的机库。

"伊丽莎白女王"号航母装备的舰载机遥控牵引车。

"伊丽莎白女王"号航母倒梯形的升降机平台。

F-35B 舰载机和 10 架 EH-101 系列多用途直升机，在进行两栖作战时，可以全部换装为运输直升机、武装直升机和无人侦察机等。"伊丽莎白女王"号航母在右舷设有 2 台倒梯形的升降机，1 台位于右舷双舰岛中间，1 台位于右舷舰艉，最大载荷 70 吨，比福特级航母的升降机载荷还要大 10 吨左右，能够在 60 秒内一次运输 2 架 F-35B 舰载机由机库至飞行甲板。这种倒梯形的升降机平台属于非常少见的设计，与传统的矩形和梯形舷侧升降机平台相比，这种设计能够有利于提升升降机的最大载重性能，并增加舰体结构强度。

配套区域设计

"伊丽莎白女王"号航空母舰作为世界首艘"双舰岛"航母，将传统舰岛的航海指挥舰桥和航空指挥舰桥功能进行了拆分，前舰岛担负航海指挥职能，负责舰船航行、作战指挥、编队通信等工作，顶部安装了 1 部 S1850M 远程搜索雷达以及导航、航海、通信等相关的电子设备。后舰岛担负航空指挥职能，负责航空管制、甲板调度、起降引导等工作，顶部安装了 1 部 Artisan 3D 中程雷达以及对空通信、飞机导航、电子对抗等相关的电子设备。2 个舰岛内分别设有 1 套燃气轮机的烟囱管道和 1 台弹药升降机，舰岛与甲板右舷间设有弹药运输通道，以确保整个甲板作业动线互不交叉。舰岛底层小、中间大、上层小，尽可能减少占用飞行甲板的面积，并确保舰岛的隐身效果。"双舰岛"设计能够有效减少各型电子设备的工作互扰问题，改善飞行甲板的气流扰动，同时分别对应底层甲板 2 台燃气轮机的安装位置，有效减少排烟管道的设计长度和占用舰内的空间。"伊丽莎白女王"号航空母舰设有 1 个厨房和 3 个餐厅，能够同时为各级官兵

"伊丽莎白女王"号航母独特的"双舰岛"设计。

"伊丽莎白女王"号航母前舰岛的航海指挥舰桥内景。

"伊丽莎白女王"号航母后舰岛的航空指挥舰桥内景。

"伊丽莎白女王"号航母非常人性化的居住舱。

"伊丽莎白女王"号航母的手术室内景。

"伊丽莎白女王"号航母的厨房内景。

提供餐饮保障。官兵居住舱室的生活条件非常舒适和人性化，配套公共区域还包括医院、健身房和娱乐室等。

动力系统

"伊丽莎白女王"号航空母舰的动力系统采用柴电–燃气联合动力方式和"双轴双桨双舵"设计，是世界第一艘采用综合全电力推进系统的航母，以及第一艘仅有两个螺旋桨的中型航母。在此之前，全电推进系统主要应用于常规潜艇和小型水面舰艇。该舰装备了2台罗尔斯·罗伊斯公司的MT-30燃气轮机、2台瓦锡兰16V-38涡轮增压柴油发电机、2台瓦锡兰12V-38涡轮增压柴油发电机、1套瓦锡兰12V-200应急柴油发电机组和4台20兆瓦级的科孚德先进感应电动机。每组推进系统由2台先进感应电动机负责通过1根主轴驱动1个螺旋桨，每个螺旋桨直径6.7米，重33吨。整个动力系统最大发电输出功率约108兆瓦，其中，约80兆瓦分配给本舰的推进系统，使得该舰最大航速27节。"伊丽莎白女王"号全新的动力系统虽然输出功率有所欠缺，但MT-30燃气轮机的模块化设计、简化的传动系统和紧凑的舱室结构使全舰的维护保养效率得到极大提升，可变距的螺旋桨、高效的变速制动方式和灵活的动力分配方式使全舰的机动性能进一步增强，节约的动力系统空间转变为更多的燃料存储空间，使得该舰在18节航速时的续航力达到10000海里。同时，全舰所有电力系统全部入网集中管理，有效提高了管理、使用和检测效率。

罗尔斯·罗伊斯公司的MT-30燃气轮机。

舰电系统

指控系统

"伊丽莎白女王"号航空母舰的综合作战系统由BAE公司负责建设与整合，该系统主要包括作战管理、空中管制、电子战、通信、雷达、导航、武器和损管等60多个子系统，通过将分布在作战指挥中心、航海指挥舰桥、航空指挥舰桥、动力控制室、弹药转运控制室等全舰1200多个舱室的各类信息系统全部联通并

"伊丽莎白女王"号航母的动力系统控制台。

进行数据融合，有效提升航母的整体协同作业能力、战场态势感知能力和作战指挥控制能力。其中，作战管理系统目前的具体功能和性能指标还未公开，正由 BAE 公司的海上集成支持中心负责进行软件测试，该系统后续还将部署在英国皇家海军新型的 26 型护卫舰上，具备北约制式标准的数据链通信能力和态势共享能力。从公开的照片看，该系统的人机交互界面相当先进，类似于美国濒海战斗舰的作战系统操控台位的设计风格，并且整体布局更加简洁，没有采用定制的加固式台位和机柜，当系统最终定型后是否会固化相关台位还有待进一步观察。

雷达系统

"伊丽莎白女王"号航空母舰的雷达系统由多型雷达组合而成，主要包括 1 部 S1850M 远程搜索雷达、1 部 Artisan 3D 中程雷达和 1 部导航雷达。其中，S1850M 远程搜索雷达是泰利斯公司（Thales）在 SMART-L 雷达基础上改进而来，采用了更加民用化的信号处理设备，具有更快的扫描速度和更强的抗干扰能力。该雷达硕大的矩形天线安装在前舰岛顶端，具备自动探测与跟踪大批次空中目标的能力，对空探测距离达 400 公里，具备 70°的最大垂直探测范围，主要工作频率为 D 波段。Artisan 3D 中程雷达是由 BAE 公司研制的最新型 3 坐标多功能雷达，主要用于空中交通管制、舰载机导航和敌我识别。该雷达位于后舰岛顶端平台上，对空探测距离为 200 公里，能够同时跟踪和监控 800 个空中目标，具备较强的抗干扰能力和海空"低慢小"目标的探测能力，号称能够探测到 24 公里外以 3 马赫速度飞行的网球大小目标，抗干扰能力是英国现役雷达的 5 倍。

"伊丽莎白女王"号航母的作战指挥中心。

"伊丽莎白女王"号航母的新一代信息系统操控台位。

武器系统

"伊丽莎白女王"号航空母舰主要的武器系统仅包括 3 座 MK-15"密集阵"近程防御系统和 4 座 DS30B 型 30 毫米口径舰炮。由于经费原因，没有安装设计方案中的 48 单元防空导弹垂直发射系统，因此该舰的整体防空自卫能力较低。其中，MK-15"密集阵"近程防御系统是进口美国的 Block 1B 版本，最大射速

"伊丽莎白女王"号航母的前舰岛特写。

安装在前舰岛顶部的 S1850M 远程搜索雷达天线。

Artisan 3D 中程雷达天线。

Artisan 3D 中程雷达安装在后舰岛顶部的圆形平台上。

"伊丽莎白女王"号航母正在测试 MK-15 "密集阵"近程防御系统。

DS30B 型 30 毫米口径舰炮。

从底层弹药库直通机库和飞行甲板,类似于民间大型无人仓库的货物分拣与运输系统。该系统采用全电控制,具有大量传感设备、机械设备和多个安全隔断舱,能够极大缩减弹药保障人员的编制规模。先进消防系统包括消防控制系统、泡沫灭火设备和含氟乳化剂喷淋系统,分布在飞行甲板、舰岛外侧和舱内各部位。海上撤离系统主要是为了防止人员撤离时直接跳海造成伤亡,本舰左右舷两侧各设有 3 套长约 25 米的充气式滑梯,每个滑梯底部配备有 2 个可容纳 100 人以上的充气式救生船,全舰人员能够在 30 分钟内完成撤离行动。新型废物处理系统能够对每日的生活垃圾进行高温处理,并将燃烧所产生的热量直接转化为航母动力系统可以使用的能量。由于"伊丽莎白女王"号航母自动化程度较高,全舰人员编制仅 1600 人,是世界现役中型航母中编制员额最精干的一型航空母舰。

约 4500 发 / 分钟,最远射程约 1.5 公里,能够有效拦截亚声速反舰导弹,但对于超声速反舰导弹基本没有拦截能力,对于饱和式反舰导弹攻击更加无能为力。另外,舰上还配置了箔条干扰弹发射器,具备一定的"软拦截"能力。

配套系统

"伊丽莎白女王"号航空母舰的配套系统主要包括自动化弹药转运系统、先进消防系统、海上撤离系统、新型废物处理系统、海水淡化系统和全舰核生化防护系统等。其中,自动化弹药转运系统是该舰的亮点之一,该系统主要用于弹药的安全快速运输,运输轨道

"伊丽莎白女王"号航母的自动化弹药转运系统。

自动化弹药转运系统的 AI 平台正在运输弹药。

"伊丽莎白女王"号航母的海上撤离系统。

"伊丽莎白女王"号航母和"春潮"号补给舰进行横向补给。

综合评价

"伊丽莎白女王"号和"威尔士亲王"号是英国皇家海军首次用王室成员名字命名的航空母舰,体现了英国上下对于该级航母的巨大期望,也标志着英国皇家海军迈入了新的历史时期。但是,受国力日益下滑的影响,"伊丽莎白女王"号未能按计划装备完整的武器系统和弹射系统,一些设计围绕经济指标这个因素进行了分步考虑,导致舰体设计制造过程存在许多问题,包括螺旋桨的动力舱室漏水,全电动力系统功率不足,自动化系统工作不稳定等。加上美国 F-35B 舰载机交货时间一再拖延,"伊丽莎白女王"号迟迟无法形成战斗力,"威尔士亲王"号更是服役后只搭载舰载直升机,转型为一艘大型两栖攻击舰。除此之外,英国皇家海军老旧的驱护舰部队已无力组成远洋航母编队,"伊丽莎白女王"号航母不得不独自加入美军航母编队进行名义上的联合作战行动。总的来看,"伊丽莎白女王"号航母是符合英国国情的一款武器平台,各种创新技术成果的大胆应用体现了英国对航空母舰的独特理解,值得世界其他国家学习和参考。

法国"戴高乐"号航空母舰

法国"戴高乐"号航空母舰于 1989 年开始建造,2001 年 5 月正式服役,舷号 R91,当时造价约 20.5 亿美元,是世界上除美国以外唯一的核动力航空母舰。该舰服役后立即成为法国海军的旗舰,并将法国海军航空兵的实力提升至世界第二的水平。"戴高乐"号航空母舰是法国独立自主国防工业体系的代表作品,除了蒸汽弹射器、拦阻索系统和固定翼预警机等少数装备从美国进口外,其余的核动力系统、指控系统、雷达系统、武器系统和舰载机等几乎全部实现了自主研发,在航母设计制造理念方面可谓独树一帜。

英国"伊丽莎白女王"号航空母舰。

法国"戴高乐"号航空母舰。

舰船结构

整体结构设计

"戴高乐"号航空母舰的舰体长 238 米，宽 31.5 米，标准排水量 3.5 万吨，满载排水量 4.2 万吨，属于中型航空母舰。该舰与法国退役的"克莱蒙梭"号航空母

满载舰载机的"戴高乐"号航空母舰。

"戴高乐"号航空母舰正在进港。

"戴高乐"号航空母舰
舷号：R91
是法国第一艘核动力航空母舰和世界上唯一一艘非美国的核动力航空母舰，也是法国海军目前唯一一艘在役航空母舰，亦为法国海军旗舰。

"戴高乐"号航空母舰 CG 图。

第三章 现役典型航空母舰的技战术性能

法国"戴高乐"号与美国"林肯"号航母共同演习。

飞行甲板设计

"戴高乐"号航空母舰采用斜角飞行甲板设计，斜角甲板向舰体中轴线左侧偏离 8.5°，飞行甲板全长 261.5 米，最宽处 64.4 米，可用面积约 12000 平方米，相比"克莱蒙梭"号航母有了明显提升。飞行甲板分为起飞区、降落区、整备区等多个区域，两台升降机全部位于右舷舰岛后侧，以提高甲板作业效率，固定停机位可停放 12 架舰载战斗机，其余临时停机位需要统一调度使用。该舰的斜角甲板为满足美国 E-2C 预警

舰舰体尺寸基本相当，主要通过上层甲板和舰岛的外飘式设计来进一步扩大飞行甲板面积。该舰完全采用美国重型航母的弹射起降模式，由于舰体吨位较小，舰岛只能靠右舷前部布置，以确保斜角甲板后侧降落区的视野和安全性。"戴高乐"号舰体采用箱型构造，共设有 19 道纵向舱壁、20 个水密舱区和 2200 个舱室，由舰桥顶部至舰底共有 15 层甲板，水线以下采用双层船体结构，核动力舱和弹药舱前后分散布置，重要部位全部采用凯夫拉复合装甲材料和高强度合金钢进行强化。全舰采用封闭式设计，装备有室内空气加压系统，具备北约标准的核生化防护能力。为了保证舰体在高海况和高机动条件下的稳定性，"戴高乐"号还创新设计了 1 套 SATRAP 系统（自稳定自驾驶系统），该系统可以自动控制船体底部的 2 对稳定鳍和位于飞行甲板下方的 1 套主动配重系统，使得船体在航行中产生的纵摇、横摇、持续横倾等幅度均能得到有效抑制，从而使该舰在 6 级海况下仍能进行舰载机起降作业，达到了美国重型航空母舰的稳定性指标要求。

"戴高乐"号航母俯视图。

"戴高乐"号航母装有两台蒸汽弹射器和偏流板。

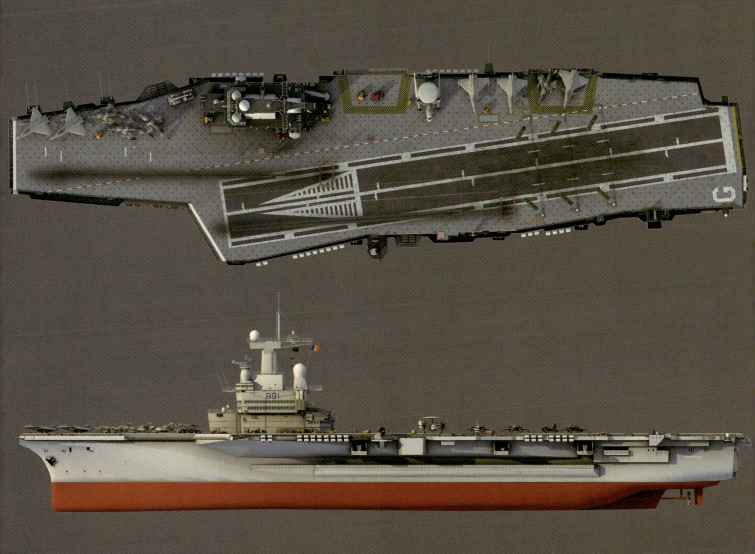

"戴高乐"号航母飞行甲板示意图。

第三章 现役典型航空母舰的技战术性能

"戴高乐"号航母早期的飞行甲板涂层极易损坏。

机安全起降需求,2000 年在原先设计方案的基础上再次延长了 4.5 米。由于飞行甲板空间有限,该舰只装备了 2 台美国 C-13-3 型蒸汽弹射器,分别位于舰艏甲板左侧和斜角甲板中部,工作时一般采用交替弹射方式。斜角甲板后部降落区布置有 3 根拦阻索和 1 套拦阻网,左舷平台布置有改进型"菲涅尔"透镜光学助降系统和 DALAS 激光辅助降落系统。在中期大修后,该舰飞行甲板涂层使用了全新的纳米材料技术,以增强防滑效果和延长使用寿命。由于中型航母的起飞区和降落区注定存在重叠交叉,因此"戴高乐"号航母无法像美国重型航母那样同时进行舰载机起飞和降落作业。从在利比亚的实战情况看,该舰持续出动率约为 25~30 架次 / 日,最大出动率约为 60~75 架次 / 日,能够基本满足攻防兼备的海上作战需求。

机库区域设计

"戴高乐"号航空母舰机库长 138.5 米,宽 29.4 米,高 6.1 米,面积约 4600 平方米,机库四周设有多个维

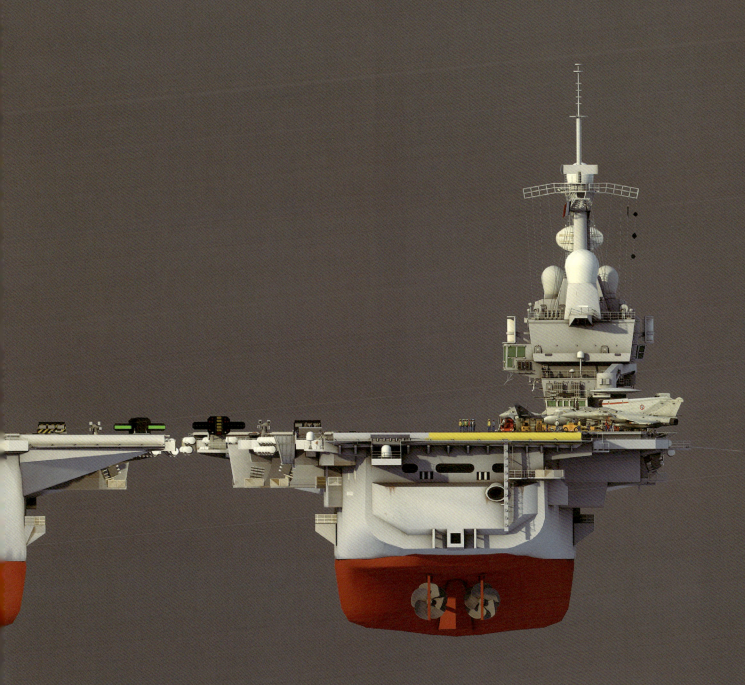

"戴高乐"号航空母舰正视图(左)与后视图。

修区与零配件仓库。得益于核动力系统带来的内部空间优势,该舰机库面积比满载排水量6.5万吨的英国"伊丽莎白女王"号航母还要大400平方米左右,但由于"阵风"M舰载机的机翼不可折叠,因此机库的装载能力受到一定限制。在中期大修后,该舰原有的"超军旗"舰载攻击机全部退役,只保留"阵风"M舰载战斗机,因此机库内所有关于"超军旗"舰载机的发动机测试区和维修检测区的配套设施全部拆除,为机库腾出了更多空间,使机库一般可同时容纳25架舰载机。"戴高乐"号航母典型的舰载机配置方案主要包括24架"阵风"M战斗机、2架E-2C空中预警机以及4~5架各型直升机。机库甲板和飞行甲板之间有1层吊舱甲板,用于舰载航空兵部队和地勤保障人员的办公区域,机库前侧为医院区,通往机库的弹药升降机必要时也可以运输伤员。机库甲板以下还有4层甲板,弹药库和航空燃油库分别布置在底层甲板两侧远离核动力舱的

机翼不可折叠的"阵风"M战斗机限制了机库装载能力。

"戴高乐"号航母的机库内景。

"戴高乐"号航母机库内的舰载机遥控牵引车。

"戴高乐"号航母的升降机平台。

位置。2台升降机位于右舷舰岛后侧,用于机库和飞行甲板之间的运输调度,升降机平台每次可以搭载2架"阵风"M战斗机。

配套区域设计

"戴高乐"号航空母舰的舰岛位于右舷前侧,外形采用一定的隐身设计理念,尽量减少舰岛的雷达散射截面积。舰岛顶部各类雷达系统的天线附近铺设了板状的雷达吸波材料,以减少各型雷达系统工作时的互扰情况,提升电磁兼容性。舰岛上层设有航海指挥舰桥和飞行指挥舰桥,舰岛下层设有航空兵技术保障舱和飞行通信指挥舱,周边布置有飞行员居住舱、值班室、飞行简报室等舱室。全舰核心的作战指挥中心(CIC)以及编队通信部位则位于甲板下层。"戴高乐"号航空母舰具备较好的防火系统,在全舰均设有远程消防控制系统、泡沫灭火设备和含氟乳化剂喷淋系统。由于全舰采用了大量自动化设计,使得舰员编制规模得到较好控制,该舰官兵居住区主要位于中部和前部,

"戴高乐"号航母的起重机正在吊装物资准备出征利比亚。

"戴高乐"号航母的航海舰桥内部。

"戴高乐"号航母通道内密布着各类管线。

厨房、餐厅和食品仓库等设施均集中布置在舰艉各层甲板,由运货升降机联通。全舰共有 3 个厨房,分别为士兵、士官和军官提供 24 小时食品供应。

动力系统

"戴高乐"号航空母舰的动力系统采用"双轴双桨双舵"设计,安装了 2 座 K-15 压水反应堆、2 台阿尔斯通蒸汽轮机以及 4 台柴油发电机。由于 K-15 压水反应堆是法国凯旋级战略核潜艇专用的核反应堆,直接改装到 4 万吨级的中型航母后导致动力严重不足,"戴高乐"号的 2 台 K-15 压水反应堆总输出功率仅为 7.6 万马力,甚至低于"克莱蒙梭"号的 12.6 万马力,因此该舰最大航速只有 27 节,并且 7 年左右就需要更换一次核燃料,成为其主要问题之一。该舰 2 组推进装置采用并排布置方式,分别设置在底层甲板中后部的 8 个独立舱室内,每组推进装置主要包括 1 座 K-15 压水反应堆、1 台蒸汽轮机、1 个变速齿轮箱、1 根传动主轴、1 个螺旋桨和 1 个尾舵,在 2 个核反应堆舱室中间还设有 1 个动力控制室。"戴高乐"号的螺旋桨没有采用经典的 5 叶片结构,而是采用了少见的 4 叶片设计。2000 年 11 月,该舰首次在大西洋进行远洋航行试验时,由于精加工质量问题,一侧螺旋桨桨叶断裂,随后返回船坞全部更换。

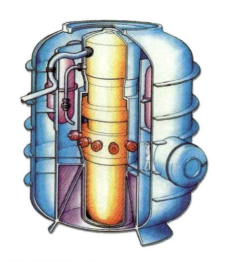

法国 K-15 压水反应堆结构示意图。

2000 年海试后"戴高乐"号航母底部特写。

2018 年"戴高乐"号航母完成中期大修离开船坞。

蒸汽弹射器和拦阻索等设施均进行了全面翻新。特别是该舰的海军战术数据处理系统由 Senit-6 版本升级至 Senit-8 版本,作战指控性能得到明显提升。该系统由法国 DCNS 集团研发,主要由 8 台核心服务器、25 个显控台、1 个多功能战术指挥桌、多个大尺寸屏幕和配套的网络通信设备组成,首次引入了数字化战术沙盘显示技术,能够融合处理全舰雷达、光电系统和舰载预警机探测发现的海空目标数据,具备同时显示和跟踪 2000 个目标的能力。该系统还能够实时接收 50 个友邻作战单位通过 Link-11/16 数据链分发的态势信息和目标情报,并为航母编队下属的海空兵力及时提供战场态势数据和攻击目标指示。"戴高乐"号航母的作战指控、航空指挥和船舶管理等系统均可以与美国海军无缝对接,美国海军各型舰载机均可以在该舰上进行起降作业,"阵风"M 舰载机也能够在美国任意一艘航母上进行起降作业,从而极大提升了信息化条件下的联合作战能力。

舰电系统

指控系统

"戴高乐"号航空母舰在 2018 年中期大修以后,除更换核燃料外,全舰作战指挥系统、雷达系统、光电系统、导航系统、数据链系统、敌我识别系统、火控系统和武器系统等均得到了全面升级,机库和作战指挥中心等部位进行了全面改造,飞行甲板、升降机、

时任法国总统奥朗德正在参观"戴高乐"号航母的航空指挥中心。

"阵风"M舰载机与"神经元"无人机编队。

雷达系统

"戴高乐"号航空母舰的雷达系统由多型雷达组合而成,主要包括1部DCNS集团的ARABEL相控阵雷达系统、1部泰利斯公司(Thales)的SMART-S MK2多功能三坐标远程搜索雷达和2部泰玛公司(Terma)的SCANTER-6002导航雷达等。其中,ARABEL相控阵雷达系统的球形天线位于舰岛桅杆上方,主要用于为紫菀-15防空导弹提供目标指示和实时引导。该雷达工作频率8~13GHz,对大型空中目标探测距离100公里,对雷达散射截面积0.5平方米的空中目标探测距离50公里,能够最多跟踪100个目标,并同时攻击其中16个。该雷达具备较强的抗干扰能力,是较早装备在航母上的相控阵雷达系统。SMART-S MK2多功能三坐标远程搜索雷达采用全固态设计,主要工作在S波段,适用于对中远程海空目标的探测和跟踪,对雷达散射截面积2平方米的目标探测距离250公里,具备70°的最大垂直探测范围。SCANTER-6002导航雷达同样是一款具有软件自定义功能的固态雷达,能够对16个工作频段和工作时间进行实时编程,具备对海上小目标的精确定位能力。此外,美制E-2C预警机装备的AN/APS-145雷达能够为"戴高乐"号提供更大范围的海空监视能力。

武器系统

"戴高乐"号航空母舰主要的武器系统包括1套SAAM/F近程防空导弹系统,2套SADRAL近程防空导

各型雷达集中布置在"戴高乐"号航母的舰岛上层。

"戴高乐"号航母的SYLVER A43型垂直发射系统。

"戴高乐"号航母采用 SYLVER 家族的 A43 型垂直发射系统（中间）。

"戴高乐"号航母发射紫菀-15 防空导弹。

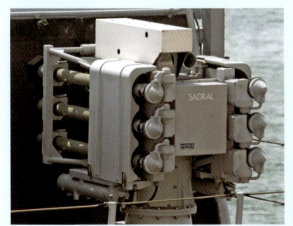

"戴高乐"号航母上的 SADRAL 导弹发射系统。

"独角鲸"遥控武器站。

弹发射系统，8座 GIAT 单管20毫米口径机炮和3座"独角鲸"遥控武器站等。其中，SAAM/F 近程防空导弹系统由4座8联装 SYLVER A43 型垂直发射系统和 ARABEL 相控阵雷达组成，2座位于右舷前侧甲板外延，2座位于左舷中部甲板外延，共装备32枚紫苑-15防空导弹。该系统使得"戴高乐"号成为世界第一款装备垂直发射系统的航母。SADRAL 近程防空导弹系统实际上是法国"西北风"单兵便携式防空导弹的改进型，采用6联装发射架，该系统没有火控制导雷达，需要由光电瞄准系统进行发射。"独角鲸"遥控武器站是中期大修升级后装备的新型单管自动武器站，主要弥补该舰原有8座 GIAT 单管20毫米口径机炮火力弱、精度低和反应慢的缺陷。该遥控武器站由1门 M693 式20毫米口径机炮和1部光学跟踪系统组成。该遥控武器站的整体性能与美国"密集阵"近程防御系统和俄罗斯 AK-630 近防炮系统相比，仍有较大差距。

配套系统

"戴高乐"号航空母舰的配套系统主要包括电子战系统、光电传感器系统、蒸汽弹射器、拦阻索系统等。电子战系统包括2套 ARBB-33 有源电子对抗系统、1套 ARBR-21 电子支援系统和4座10联装"萨盖"干扰弹发射装置。光电传感器系统是中期大修后升级的新型系统，主要用于增强对海空目标的光电识别、告警和跟踪能力，由1套 ARTEMIS 被动红外搜索与跟踪系统和2套 EOMS 光电系统组成。其中，ARTEMIS 系统装备在舰岛上层，由3个装有 MWIR 摄像机的光电传感器组成，能够24小时监视360°范围内的200个目标。EOMS 系统则主要用于为"独角鲸"遥控武器

"萨盖"干扰弹发射装置。

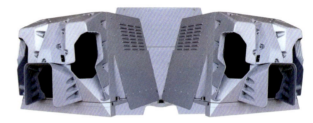

ARTEMIS 被动红外搜索与跟踪系统示意图。

"戴高乐"号航母正在弹射美国 F/A-18E 舰载机。

站和 SADRAL 近程防空导弹系统提供光电目标指示和火力控制。蒸汽弹射器和拦阻索系统均为美国进口产品，其中蒸汽弹射器是美国专为"戴高乐"号改进的 C-13-3 型弹射器，由于甲板跑道缩短和蒸汽压力降低，

正在降落的"阵风"M舰载机。

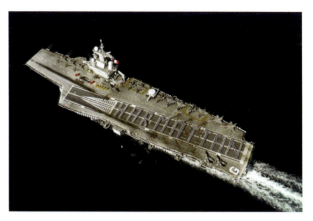

法国"戴高乐"号航空母舰。

导致该型弹射器只能达到美国航母弹射器正常指标的85%左右。

综合评价

"戴高乐"号航空母舰作为世界上战斗力最接近美国重型航母的武器平台,虽然具备较好的舰载机起降能力和信息化作战能力,但巨额的建造和维护成本却使该舰成为法国军费的"黑洞",在设计、建造、测试、维护以及升级改装中出现的一系列问题也成为世界各国选择航母发展方向时的重要参考。例如,从美国采购的C-13-3蒸汽弹射器和E-2C预警机总价格超过11亿美元,是原价的3倍以上。直接移植凯旋级战略核潜艇K-15压水反应堆导致出现"小马拉大车"的尴尬局面,并且原本15年更换一次核燃料的K-15反应堆,在强行提高输出功率后7~8年就需更换一次核燃料,仅"戴高乐"号核动力系统的改造费用和维护成本就远远超过了从美国进口航母专用核动力系统的价格。总的来看,"戴高乐"号航母的效费比不高,

促使后续的英国伊丽莎白女王级和法国下一代航空母舰都选择了常规动力系统。

意大利"加富尔"号航空母舰

意大利"加富尔"号航空母舰于2001年开始建造,2008年正式服役,舷号R550,造价约17500亿里拉(约

意大利"加富尔"号航空母舰。

10.5 亿美元）。该舰充分考虑了两栖兵力投送和海上联合作战指挥的需要，最大特点是多用途的结构设计思想，能够作为轻型航空母舰、两栖攻击舰、指挥控制舰和灾害救护船等部署至任意热点地区，是地中海地区一型颇具欧洲特色的多功能新型战舰，同时也进一步模糊了轻型航空母舰与两栖攻击舰的区分界线。

舰船结构

整体结构设计

"加富尔"号航空母舰的舰体与岛式上层建筑全部使用 FE510D 钢材，该舰长 235.6 米，宽 39 米，标准排水量 2.2 万吨，满载排水量 2.7 万吨，从舰底到飞行甲板共分为 9 层，其中，舰体最底部的 1~5 层甲板主要用来安装燃气轮机系统、推进系统、发电系统、弹药库以及供搭载的两栖部队使用的生活舱室。第

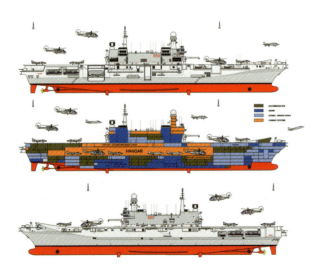

"加富尔"号航空母舰结构组成示意图。

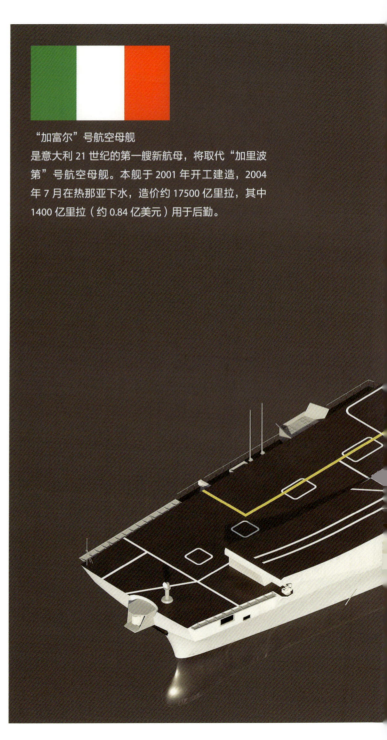

"加富尔"号航空母舰
是意大利 21 世纪的第一艘新航母，将取代"加里波第"号航空母舰。本舰于 2001 年开工建造，2004 年 7 月在热那亚下水，造价约 17500 亿里拉，其中 1400 亿里拉（约 0.84 亿美元）用于后勤。

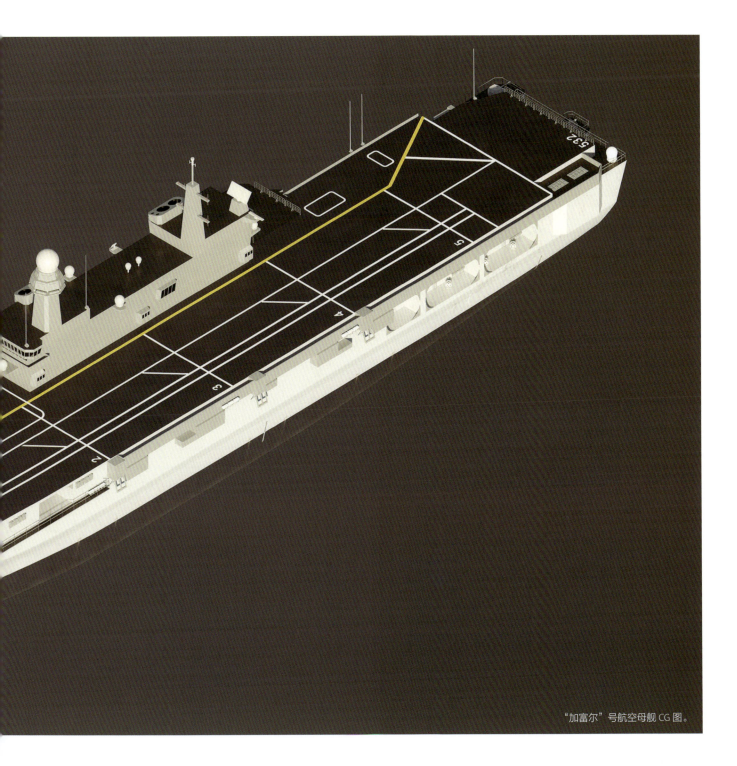

"加富尔"号航空母舰 CG 图。

第三章 现役典型航空母舰的技战术性能

采用分段建造法的"加富尔"号航空母舰。

"加富尔"号航空母舰的右舷特写。

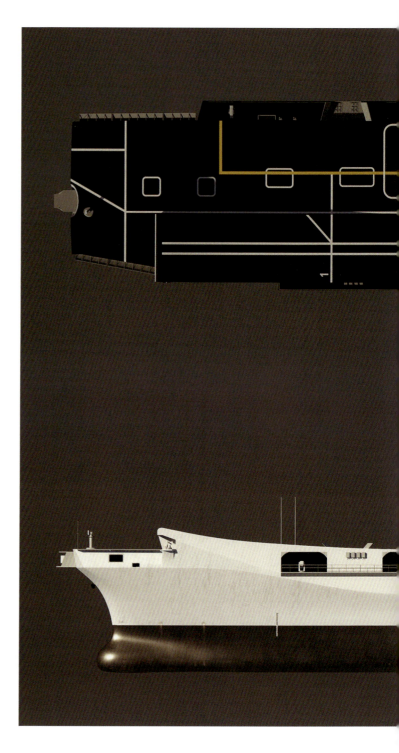

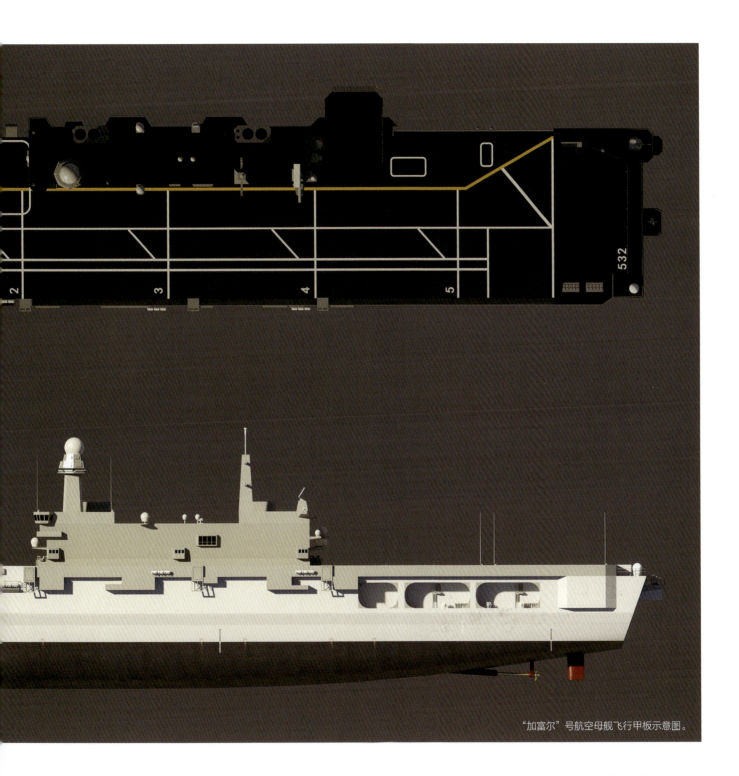

"加富尔"号航空母舰飞行甲板示意图。

第三章 现役典型航空母舰的技战术性能

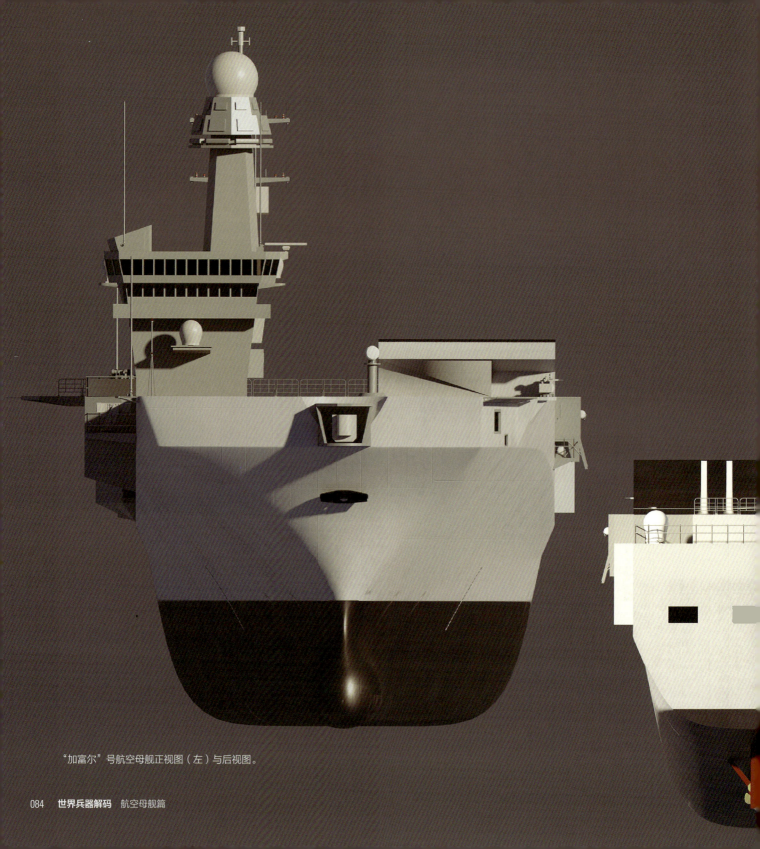

"加富尔"号航空母舰正视图(左)与后视图。

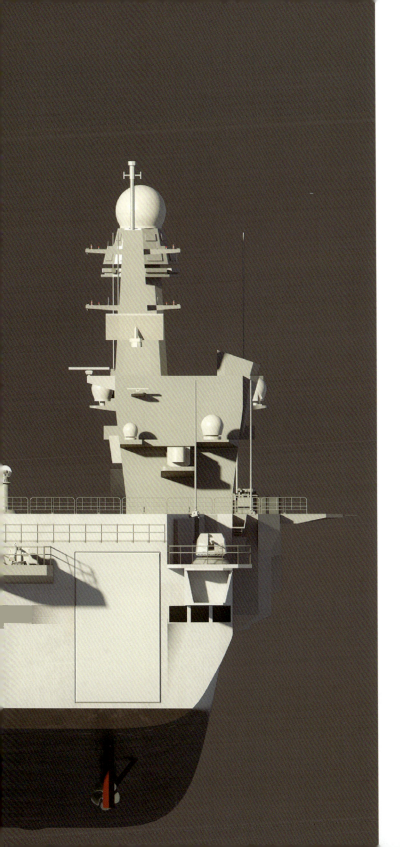

6~7层主要设有舰员舱室、货物仓库、机库、娱乐舱室、会议室、锚链舱等,第8层主要设有作战指挥中心、联合作战指挥室、军官生活区等。岛式上层建筑和雷达天线塔的设计是在法、意两国联合研制的地平线级驱逐舰项目基础上借鉴改进而来。此外,该舰没有两栖攻击舰常见的舰艉坞舱设计,而是改为一个面积350平方米的登陆艇舱,登陆艇无法直接从舰艉进出,必须通过升降平台和起重机械进行运输和吊装。登陆艇舱可搭载3艘LCVP气垫登陆艇、1艘隐身侦察艇和2艘高速攻击艇。

飞行甲板设计

"加富尔"号航空母舰采用典型的"全通式"飞行甲板设计,滑跃起飞甲板位于飞行甲板前方左侧,向上倾斜12°,舰岛位于右侧,整体布局更加类似缩小版的美国黄蜂级两栖攻击舰。飞行甲板长232.6米,宽34米,面积约6800平方米,滑跃起飞区的飞行跑

位于跑道的滑跃起飞位置点待命的 AV 8B 舰载机。

第三章 现役典型航空母舰的技战术性能

AV-8B 舰载机从"加富尔"号航母上滑跃起飞。

AV-8B 舰载机正在垂直降落。

"加富尔"号航母飞行甲板的灯光效果。

意大利海军的首架 F-35B 舰载战斗机。

等。其中，30 吨级升降机 1 部位于舰岛前方，升降平台长 21.6 米，宽 14 米；1 部位于舰岛后方，升降平台长 15 米，宽 14 米。在担负两栖作战任务时，机库可以改为车库，最大能够容纳 100 辆轮式运输车或 60 辆装甲车或 24 辆主战坦克，该舰右舷中央至舰艉之间，设有一个侧舷舱门，安装有一部类似滚装船的车辆运输坡道，承重量为 60 吨，舰艉也设有一个舱门，各类

"加富尔"号航空母舰的机库空间。

"加富尔"号航空母舰机库可容纳各类军用装备和车辆。

道长度为 180 米，宽 14 米，与舰体中轴线保持平行。该舰没有设计蒸汽弹射器和拦阻索装置，只能搭载直升机和短距/垂直起降的舰载战斗机。飞行甲板设有 6 个舰载直升机起降区，可用于同时起降 EH101、SH-3D 等型号的重型直升机，在飞行跑道外的舰体右侧区域，设有 8 个舰载战斗机固定停机区，可用于停放 12 架舰载直升机或者 8 架舰载战斗机。飞行甲板表面铺设了凸凹不平的防滑复合材料，停机区设有大量固定舰载机的十字形金属扣。在飞行甲板外侧，则是各类舰载武器、雷达、天线阵列等设备的安装平台。

机库区域设计

"加富尔"号航空母舰的机库位于飞行甲板下层，采用封闭式设计，长 134.2 米、宽 21 米、高 7.2 米，总面积约为 2500 平方米，可容纳 12 架舰载直升机或 8 架舰载战斗机。机库内包括各种维修区、功能区、武器弹药区等。机库与飞行甲板之间的舰载机运输作业由 2 部 30 吨级的升降机负责完成，另外还有 4 部 15 吨级的升降机用来运输弹药、后勤补给以及登陆艇

"加富尔"号航空母舰舰岛前部的升降机平台。

"加富尔"号航空母舰舰岛后侧的升降机平台。

"加富尔"号航空母舰右侧舱门运输坡道打开状态。

"加富尔"号航空母舰艉部舱门打开状态。

军用车辆可以直接通过 2 个舱门的运输坡道快速进出机库。

配套区域设计

"加富尔"号航空母舰采用了具备核生化防护能力的封闭式设计,作战指挥中心和联合作战指挥室设在飞行甲板下部,面积约为 1000 平方米。舰岛主要是由驾驶舱、航空作业舱、武器控制舱、各类雷达电子设备舱室以及烟囱管线结构等组成。为了保障两栖作战行动,该舰设有一个 430 平方米的舰内医院,装备了多种医疗急救设备,包括手术室 / 重症病房、X 光 /CT 检查室共 3 间,1 间牙医室和 1 间医学实验室。该舰生活居住区每天能提供 150 吨淡水,舱室床位总共能保障超过 1200 人休息,其中,舰员编制 800 人(含航空人员),两栖登陆部队 400 人。全舰划分为 7 个独立的损管区,每个区设有一个损管控制中心,配备了相应的灭火、堵漏和救生器材。

动力系统

"加富尔"号航空母舰的动力系统采用传统的全燃联合动力方式(COGAG)和"双轴双桨双舵"设计,安装了 4 台美国 GE 公司授权意大利菲亚特公司生产的 LM-2500 燃气轮机,每台燃气轮机均采用模块化设计,便于维护和更换。每组推进装置分别由 2 台燃气轮机负责提供动力,2 组推进装置采用交错布置方式,分别设置在底层甲板中后部的两个独立舱室内,每组推进装置主要包括 1 个变速齿轮箱、1 根传动主轴、1 个螺旋桨和 1 个尾舵。该舰动力系统的总输出功率为 12 万马力,最大航速 30 节,海上自持力 18 天,在 16 节航速下续航能力可达 7000 海里。舰艏和舰艉各安装有一套辅助推进系统,该系统能够在 5 级海况下精确控制本舰位置,有利于提升本舰在码头靠泊和两栖作战时的舰位控制能力。该舰的电力系统由 6 台柴油发电机组成,装机容量达到 2200 千瓦。此外,舰体底部两侧设有可伸缩控制的稳定鳍,能够在 6 级海况下保证舰载机起降作业。

正在进行全舰核生化洗消作业的"加富尔"号航空母舰。

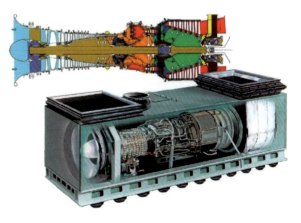

采用模块化设计的 LM-2500 燃气轮机示意图。

正在高速转向的"加富尔"号（后侧升降机平台处于折叠状态）航空母舰。

舰电系统

指控系统

"加富尔"号航空母舰作战中心的综合作战系统由意大利的阿莱尼亚·马可尼系统公司负责整合，主要包括战场综合管理系统（CMS）、雷达系统、武器系统、通信系统、电子战系统、敌我识别系统和导航系统等，各类系统分别通过独立有线网络接入综合作战系统服务器，并采取冗余备份设计。其中，战场综合管理系统（CMS）能够为航空作业、海上作战、两栖作战、防空作战等提供 C4I 系统服务。该舰大量采用了地平线级驱逐舰的信息化技术，软件平台为 Linux 操作系统，作战指挥中心和联合作战指挥室共设有 20 余台大型显示器和 200 余台互为备份的主机。全舰综合作战系统能够通过海上指挥及控制信息系统（MCCIS）与外部实现信息交互，舰桥也有部分信息系统的指挥权限，主要负责航空作业和舰船航行等任务。

雷达系统

"加富尔"号航空母舰的雷达系统由多型雷达组合而成，主要包括 1 部 RAN-40L 远程搜索雷达、1 部 SPY-790 EMPAR 多功能相控阵雷达、1 部 RAN-30X/I 中近程监视雷达、1 部 SPN-753（V）4 型导航雷达、2 部 NA-25X 速射炮专用的火控雷达、1 部 SPN-720 空中交通管制与先进精确迫近雷达等。其中，安装于后烟囱旁的矩形 RAN-40L 远程搜索雷达采用全固态电子元件和有源阵列的 T/R 收发模块技术，以机械旋转方式覆盖本舰 360° 的对空探测区，工作在 D 波段，主要用于对远程空中目标的预警探测，最大探测距离 400 公里，最小探测距离 180 米，最大探测高度 30 公里，能够同时跟踪 500 个以上的空中目标。安装于前桅杆顶端的球型 SPY-790 EMPAR 多功能相控阵雷达是本舰的标志性装备，工作在 C/G 波段，主要为本舰的 SAAM/IT 防空导弹系统提供目标指示和跟踪导引，最大探测距离 100 公里，可同时跟踪 50 个目标，并同时引导 24 枚紫菀-15 防空导弹拦截 12 个高威胁目标。

"加富尔"号航空母舰的舰桥内部。

"加富尔"号航空母舰的信息设备大多集中在舰岛一侧。

武器系统

"加富尔"号航空母舰主要的武器系统包括 1 套 SAAM/IT 防空导弹系统、2 门"奥托·梅莱拉"76 毫米口径速射炮和 3 门"奥托·梅莱拉"KBA 型 25 毫米口径近防炮。其中，SAAM/IT 防空导弹系统可以装备于各型水面舰艇。该系统主要由垂直发射系统、防空导弹和火控系统等部分组成。垂直发射系统与"戴高乐"号航母相同，由法国舰船制造局研制的 4 座 8 联装 SYLVER A43 型垂直发射系统组成，分别安装在航母舰艏右侧舷和舰艉左侧舷，装备 32 枚紫菀-15 防空导弹，该导弹最大射程 30 公里，采用主动雷达制导方式和"PIF-PAF"喷气式推力控制系统，对来袭空中目标具有较高的拦截成功率。2 门"奥托·梅莱拉"76 毫米口径速射炮则使"加富尔"号成为现代航母中第一款装备驱护舰主炮的航母，主要用于两栖登陆作战时的近距火力支援。

"加富尔"号航空母舰的 SYLVER A43 型垂直发射系统。

SYLVER A43 型垂直发射系统发射紫菀 -15 防空导弹。

"奥托·梅莱拉" 76 毫米口径速射炮和配套的 NA-25X 火控雷达。

"奥托·梅莱拉" KBA 型 25 毫米口径近防炮。

配套系统

"加富尔"号航空母舰的配套系统主要包括电子战系统、传感器系统、通信系统、声呐系统、大气污染处理系统、消磁系统等。其中，电子战系统包括 1 套联合战术信息分配系统、1 套 ECM 电子干扰系统、1 套 SLQ-732 干扰系统、2 部 SCLAR-H 反导诱饵火箭发射装置。传感器系统包括 1 部 VAMPIR-MB 型对空 / 对海红外探测系统、1 部 SASS 红外监视系统、1 部 AN/SPN-41A 型空中管制雷达、1 部 SIR-R/S 型敌我识别系统以及 1 部 SIR M5-PA 型敌我识别系统。通信系统包括 Link-11、Link-16 以及 Link-22 数据链，以及多型不同频率的通信设备，能与北约指挥体系内的所有作战平台进行联合指挥、数据交互和态势共享。声呐系统包括 1 部安装于舰艏球鼻艏内的 SNA-2000 声呐系统和 2 部 SLAT/IT 拖曳式鱼雷诱饵系统。大气污染处理系统能够对所有核生化袭击造成的本舰空气污染进行净化处理。消磁系统能够定期自动清除或减少本舰磁场强度，从而降低遭遇磁性水雷袭击的风险，并保障全舰的电磁兼容工作环境。

综合评价

"加富尔"号从舰种划分上仍然属于轻型航空母舰范畴，但由于融合了大量现代化的先进技术和制造工艺，该舰的装载能力、作战能力、指控能力均处于较高水平。二战以来，轻型航母最主要的作战任务是反潜作战，意大利海军在没有了苏联海军核潜艇部队的巨大威胁后，开始重新思考本国的海洋战略和地中海地区的作战需求。"加富尔"号作为冷战后设计制造的新型航空母舰，正是意大利海军实现"由海向陆"战略转型的代表性武器平台，其以航母职能为主、兼顾多用途的角色定位，能够帮助意大利海军从容应对各种低烈度的地区危机和局部冲突。这种兼顾轻型航空母舰和两栖攻击舰概念的设计思路，得到了世界许多中小国家的关注和效仿，西班牙在 2011 年服役的"胡

SCLAR-H 反导诱饵火箭发射装置正在测试。

意大利"加富尔"号航空母舰。

安·卡洛斯一世"战略投送舰就是一个典型案例。可以预见，轻型航空母舰的概念将在未来逐步消失，全新的舰种分类方式将逐步普及，在海上驰骋的"纯正"航空母舰将只有世界少数几个海洋大国装备的中型以上航空母舰。

俄罗斯"库兹涅佐夫"号航空母舰

"库兹涅佐夫"号航空母舰是苏联的第三代航空母舰，也是苏联第一款真正意义上的航空母舰。该舰于1982年开工建造，1991年正式服役，舷号063，当

"库兹涅佐夫"号航空母舰
舷号：063
是苏联/俄罗斯海军一艘常规动力航空母舰。

俄罗斯"库兹涅佐夫"号航空母舰。

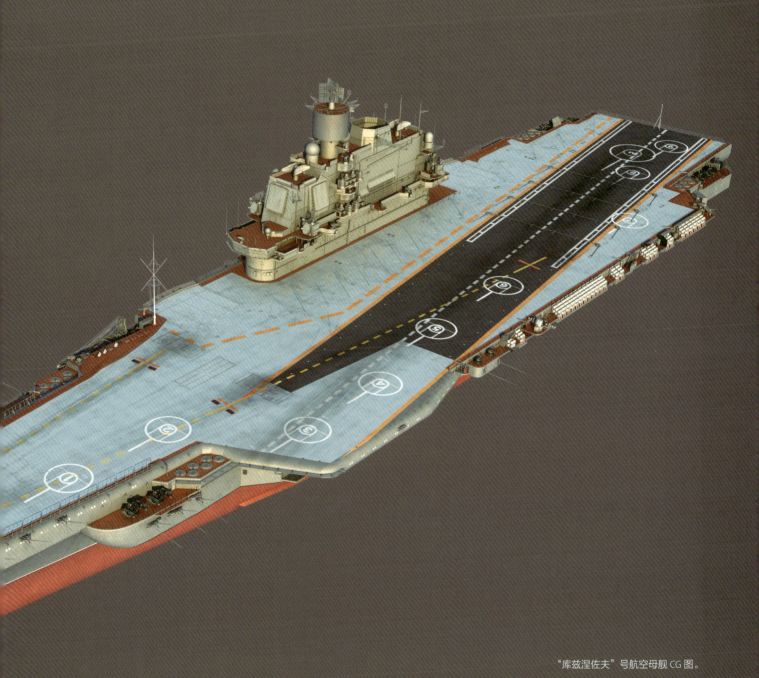

"库兹涅佐夫"号航空母舰 CG 图。

第三章 现役典型航空母舰的技战术性能

时造价约 30 亿美元，现部署在俄罗斯海军北方舰队。"库兹涅佐夫"号航空母舰是苏联海上作战思想的典型产物，作为航空母舰与巡洋舰的混合体，该舰的舰载机主要任务是防空和反潜，而反舰任务则是由超声速反舰导弹负责。因此，"库兹涅佐夫"号是目前世界上现役的唯一装备远程反舰导弹和大量舰载武器的航空母舰。

舰船结构

整体结构设计

"库兹涅佐夫"号航空母舰延续了基辅级航空母舰的船体设计，长 306.3 米，宽 38.5 米，斜角飞行甲板最宽 73 米，标准排水量 5.3 万吨，满载排水量 6.5 万吨。主舰体从飞行甲板往下共有 10 层甲板。舰艏滑跃甲板部分采用外飘设计，舰艏水下部分采用球鼻艏设计，舰艉采用方形设计，水上部分舰体基本采用"钢 + 玻璃纤维 + 钢"的夹层结构。岛式上层建筑位于飞行甲板右侧，长 64 米，宽 8.5 米，高 32 米，主

"库兹涅佐夫"号航空母舰正面特写。

"库兹涅佐夫"号航空母舰艉部特写。

"库兹涅佐夫"号航空母舰侧视图。

要由舰桥指挥舱、飞行管制站、高级住舱、电子设备、烟囱和工作舱室等组成。该舰舰体分为 11 个防水舱，采用双重底结构，舰体两侧均设有 4.5~5 米的防雷隔舱，内部为空腔、燃料舱或淡水舱，能够吸收鱼雷、水雷和导弹的爆炸能量，即使 5 个防水舱进水，也能保证全舰所需浮力，具备优秀的抗沉性。全舰共划分为 3857 个区域，拥有 387 个居住舱、2500 个床位、

50个洗浴室、6个食堂以及医院等配套舱室。

飞行甲板设计

"库兹涅佐夫"号航空母舰斜角甲板向舰体中轴线左侧偏离7°，滑跃起飞甲板上翘12°，飞行甲板全长305米，最宽处73米，总面积约14800平方米，分为起飞区、降落区、待机区、补给区等多个板块，飞行甲板上的固定停机位可停放10架舰载战斗机，其余临时停机位需要统一调度使用。该舰的起飞跑道分为2短1长共3个固定起飞点，每个起飞点分别安装有1台偏流板，没有安装弹射器。其中，短起飞点跑道长度约105米，长起飞点跑道长度约195米，滑跃甲板末端采用圆弧形设计，以减少航母在迎风加速时产生的甲板乱流，滑跃甲板后部设有12个重型超音速反舰导弹发射舱盖。该舰的斜角甲板长约205米，宽23米，尾端横向设置了4道相互间隔14米的拦阻索，左

刚完成维护的"库兹涅佐夫"号航母飞行甲板俯视图。

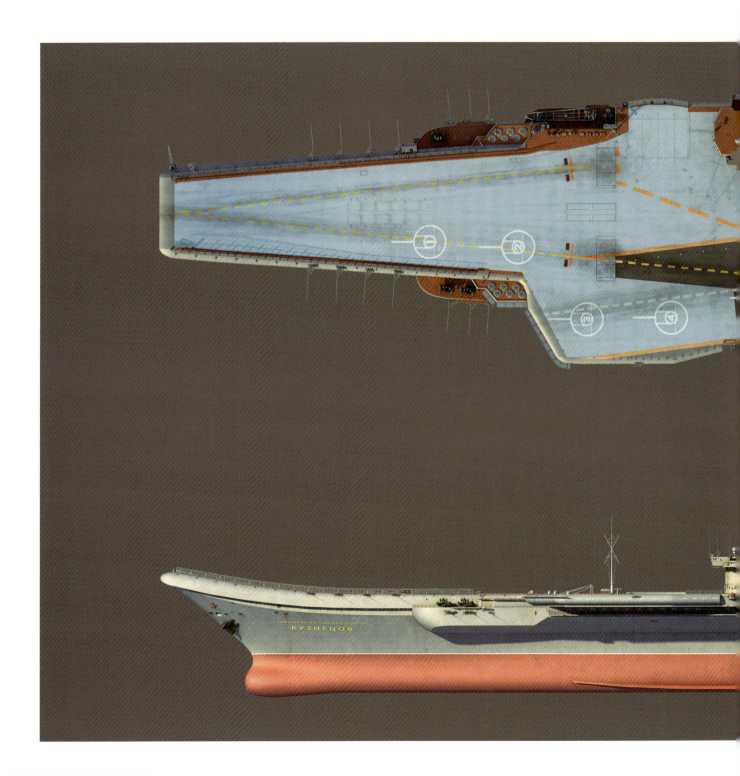

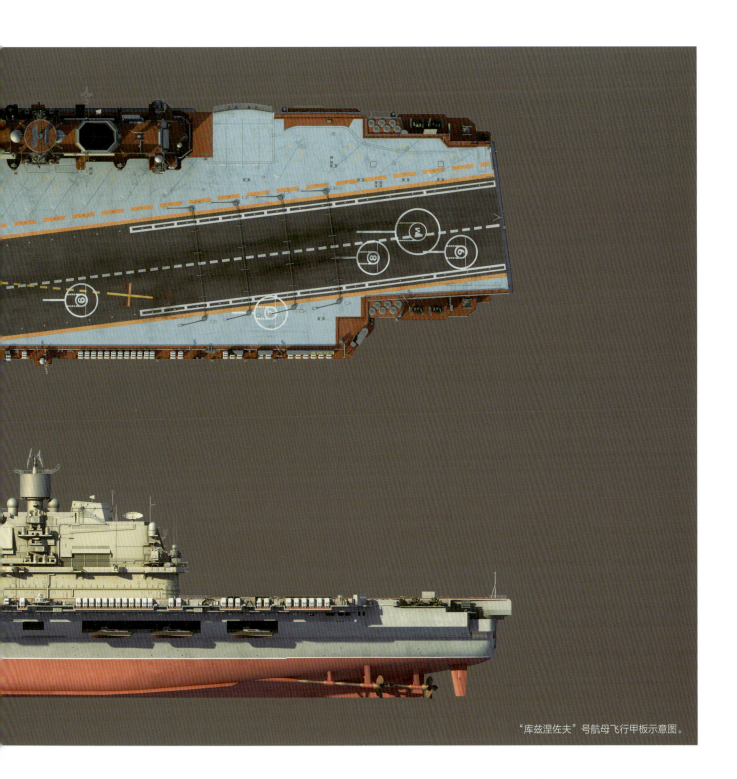

"库兹涅佐夫"号航母飞行甲板示意图。

"库兹涅佐夫"号航空母舰滑跃甲板特写。

苏-33 舰载机滑跃起飞。

苏-33 舰载机拦阻着舰。

"库兹涅佐夫"号航空母舰飞行甲板灯光效果。

舷侧设有光学助降系统和半埋式的降落引导室。"库兹涅佐夫"号航空母舰开创了"滑跃起飞+拦阻降落"的新型起降模式，使得常规起降方式的重型舰载机在没有弹射器辅助下，仍能以放弃一部分战斗载荷的代价从航母上升空作战，这也成为该舰最显著的特征之一。

机库区域设计

"库兹涅佐夫"号航空母舰的典型配置方案为 20 架苏 -33 舰载战斗机，4 架苏 -25UTG 舰载攻击机，15 架卡 -27 反潜直升机和 2 架卡 -31 预警直升机。舰载机数量少的原因，主要是滑跃甲板下的反舰导弹发射装置占用了部分内部空间。该舰机库长 180 米，宽 30 米，高 7.5 米，最多仅可容纳 18 架舰载机。该舰侧舷共有 2 台大型升降机，分别位于舰岛的前后两侧，升降机平台长 20 米，宽 15 米，载重 35 吨。机库前端设有 1 台大型弹药升降机，长 13 米，宽 4 米，必要时可以运输舰载直升机和拖车，还有 2 台小型弹药升降机分别设置在斜角甲板尾部左舷侧和舰岛靠飞行甲板一侧。目前正在船厂改装的"库兹涅佐夫"号航空母舰计划拆除反舰导弹发射装置以扩大机库空间，并且用尺寸更小的新型米格 -29K 中型舰载机替代老旧的苏 -33 重型舰载机，从而进一步提升舰载机搭载数量，有效提升本舰的综合作战能力。

"库兹涅佐夫"号航空母舰机库内景。

"库兹涅佐夫"号航空母舰后侧的大型升降平台。

"库兹涅佐夫"号航空母舰正视图(左)与后视图。

"库兹涅佐夫"号航空母舰升降机正在运输苏-33舰载机。

新型米格-29K舰载机将提升"库兹涅佐夫"号航空母舰的作战能力和舰载机搭载数量。

动力系统

"库兹涅佐夫"号航空母舰的动力系统延续了"巴库"号航空母舰的"四轴四桨两舵"设计,搭载了 8 台增压型重油锅炉和 4 台蒸汽轮机,总功率达 20 万马力,最大航速 30 节,海上自持力 25 天,在 18 节航速下最大续航力为 8500 海里。该舰在底层甲板前后交错布置了相互独立的 2 个动力舱和 4 个轮机舱,每个动力舱安装了 4 台锅炉和 2 台蒸汽轮机,每 2 台锅炉对应 1 部蒸汽轮机,每 1 部蒸汽轮机通过 1 根传动主轴将动力传递到 1 个大型螺旋桨,螺旋桨直径 4.26 米,采用低噪声的 5 叶定距式桨叶结构。其中,乌克兰生产的 TB-12 型蒸汽轮机虽然问世时间较早,但至今仍属于世界领先水平,并在不断改进之中,具备输出功率强、可靠性高、工作噪声低等优点,但起动时间长、油耗量较大,航母出海需要大型补给船提供贴身式保障。

"库兹涅佐夫"号航空母舰采用"四轴四桨两舵"设计。

乌克兰生产的 TB-12 型蒸汽轮机。

"库兹涅佐夫"号航母正在更换陈旧的 KVG-4 锅炉。

俄海军士兵自拍事件中的"库兹涅佐夫"号航母动力舱室内景。

舰电系统

指控系统

"库兹涅佐夫"号航空母舰装备了苏联的"伐木工"编队指挥系统，该系统属于苏联第三代编队指挥系统，采用基于以太网的分布式体系结构，能够分别接收舰上各类雷达、声呐探测系统的处理结果形成战场综合态势，能够融合处理编队、本舰的指挥控制信息，对编队舰艇、飞机、舰载武器进行实时指挥控制和目标指示。该系统最多能够同时支持 9 艘作战舰艇和 35 个空中平台组成的海空任务编队进行作战行动，能够同时筛选跟踪 256 个海上和空中目标，并同时显示和处理其中 60 个目标。总的来说，"库兹涅佐夫"号航空母舰的各类信息系统和电子设备仅代表 20 世纪 80 年代末的苏联最高水平，随着信息技术的飞速发展，该舰信息系统与世界先进水平差距不断拉大，已难以适应信息化战争的基本需要。

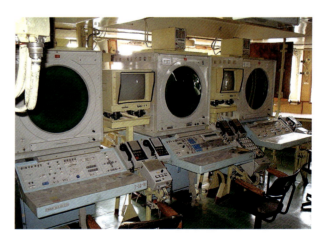

"库兹涅佐夫"号航母的信息系统已明显落后。

雷达系统

"库兹涅佐夫"号航空母舰的雷达系统由多型雷达组合而成,主要包括 1 部"天空哨兵"多功能相控阵雷达,1 部 MR-710"顶板"三坐标对空/对海雷达,2 部 MR-320M"双撑面"对海雷达,3 部"棕榈叶"导航雷达,1 部"蛋糕台"战术空中导航雷达,4 部 MR-360"十字剑"火控雷达(用于 SA-N-9 舰空导弹),8 部 3P37"热闪"火控雷达(用于 SA-N-11 舰空导弹),4 部"低音帐篷"火控雷达(用于近防炮系统)。其中,"天空哨兵"多功能相控阵雷达,采用 4 个矩形的阵列天线覆盖本舰 360°区域。该雷达与美国"宙斯盾"系统类似,能对数十批次的空中目标进行探测、识别和跟踪。"顶板"三坐标对空/对海雷达位于舰岛最顶端,用于对海空目标进行全方位的远程预警探测。"蛋糕台"战术空中导航雷达,主要为本舰飞机提供全天候的归舰导航信号,其圆柱状天线整流罩位于"顶板"雷达下方,成为该舰最明显的外形特征之一。另外,该舰搭载的卡-31 预警直升机配有 E801M 无源相控阵雷达,能够在主要威胁方向上为航母编队提供更大的预警探测范围,并引导远程超声速反舰导弹对海攻击。

武器系统

"库兹涅佐夫"号航空母舰主要的武器系统包括 12 枚 SS-N-19"花岗岩"超声速反舰导弹、4 座 SA-N-9 舰空导弹系统,8 座"卡什坦"弹炮合一近防系统,4 座 AK-630 近防炮系统,2 座 RBU-12000 型 10 联装火箭深弹发射器以及 UDAV-Z 型深水炸弹发射装置等。其中,SS-N-19"花岗岩"超声速反舰导弹采用卫星定位制导和主动末制导方式,飞行速度 1.6 马赫,射程达 550 公里。SA-N-9 舰空导弹系统每座含有 6 个发射单元,每个发射单元备弹 8 枚,全舰共计搭载 192 枚,射程 15 公里。每套"卡什坦"近防系统由 2 座 30 毫米口径 6 管近防炮和 8 枚 SA-N-11 舰空导弹组成,火炮射

航母舰岛上装备的各种雷达、通信和传感器设备。

位于滑跃甲板下方的 SS-N-19"花岗岩"超声速反舰导弹发射井。

SA-N-9 舰空导弹发射系统。

"卡什坦"弹炮合一近防系统。

AK-630 近防炮系统。

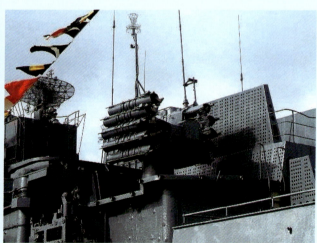
RBU-12000 火箭深弹发射器。

程2500米，导弹射程8公里。AK-630近防炮系统是苏联海军水面舰艇的通用装备，火炮射程2500米。RBU-12000型火箭深弹发射器分别布置在舰艉两侧，可打击12公里范围内的水下目标。"库兹涅佐夫"号作为世界上唯一装备超声速反舰导弹和深水炸弹的航空母舰，全舰武器系统已远远超过一艘重型巡洋舰的标准，具备独立的对空、对海、反潜作战能力。

配套系统

"库兹涅佐夫"号航空母舰的配套系统主要包括电子战系统、通信系统、声呐系统、光学助降系统和着舰拦阻系统等。其中，电子战系统主要包括2部PK-2和10部PK-10干扰箔条发射器，4部"锡人"光电指示系统，"酒瓶"和"跟踪板"电子干扰机等设备。通信系统主要包括2套"击球"卫星通信数据链，2套"低球"卫星导航系统以及各种无线电通信设备。声呐系统主要包括MGK-345型舰壳声呐、"马尾"拖曳声呐、UDAV-1M鱼雷对抗系统等。该舰没有装备自动化着舰辅助系统，仅装备老式的"月亮"-3光学助降设备，飞行员需要在甲板着舰引导人员的语音指挥下，通过观察信号灯的颜色变化判断飞机的着舰姿态和实时位置，因此该舰舰载机行动受海上能见度的影响较大。着舰拦阻系统是由1套"斯维特兰娜-2"型拦阻索装置和1个飞机拦阻网组成。"斯维特兰娜-2"型拦阻索装置的4根钢索分别连接甲板下层的4台液压制动机，能够在3秒内使30吨重的舰载机从240公里/小时的速度减速至零。由于该拦阻索装置年久失修，"库兹涅佐夫"号航母在叙利亚参加第一次实战时连续出现故障，先后导致2架舰载机损毁。

综合评价

1991年苏联的解体，使得曾经前后拥有9艘航空母舰的红色舰队大部分彻底消失，唯独剩下的"库兹涅佐夫"号被编入俄罗斯北方舰队，苦苦支撑着俄罗斯作为世界海军大国的颜面。2016年11月，"库兹涅佐夫"号航母编队不远万里，奔赴叙利亚进行了服役以来的第一次实战部署，但作战行动期间各种问题频发，最后草草收场，返回船坞修理后，又先后遭遇塔吊倒塌和火灾事故，需在船厂升级改造至2023年以后才可能继续服役。这次实战再次证明了苏联航母的设计思路已不能满足信息化战争的作战强度需求和多用途需求，特别是滑跃起飞方式导致舰载机作战性能受限，作战半径短、载弹量少、出动效率低，仅能完成低强度的空中火力支援任务，对海、对空、对地进攻能力明显不足。

"库兹涅佐夫"号航母的舰桥内景。

俄罗斯"库兹涅佐夫"号航空母舰。

另外，滑跃起飞方式还导致航母无法搭载固定翼预警机进行协同作战，使得编队整体防空作战能力大打折扣。未来，完成现代化升级并且换装新型舰载机的"库兹涅佐夫"号航母仍将是俄罗斯海军最大吨位的作战舰船，是俄罗斯维护本国海洋权益的最强有力武器。

印度"维克拉玛蒂亚"号航空母舰

"维克拉玛蒂亚"号航空母舰是由苏联第二代基辅级航空母舰4号舰"戈尔什科夫海军上将"号改装而来。"戈尔什科夫海军上将"号于1978年开工建设，1988年进入苏联海军服役。苏联解体后，由于俄罗斯经济陷入困境，该舰在1995年被迫退役封存。2004年，俄罗斯名义上将该舰免费赠送给印度，改名为"维克

印度"维克拉玛蒂亚"号航空母舰。

拉玛蒂亚"号,并开始进行现代化改装。2013年,"维克拉玛蒂亚"号再次服役,舷号R33,部署在印度海军西部舰队,改造总费用约为23.5亿美元。

舰船结构

整体结构设计

"维克拉玛蒂亚"号航空母舰的改造工程非常浩大,除了保留原有的舰体、舰岛、升降机、烟道和烟囱等基本结构外,拆除了甲板上所有武器装备、舰岛上大部分电子设备、约20%内部舱室以及近2000吨装甲钢板,更换了球鼻艏和飞行甲板,调整了全舰水密结构。舰艏为加装滑跃起飞甲板而向前延伸8米,舰艉为保证降落区安全而向后加长2米,左右舷飞行甲板也适当向外扩展,舰岛左侧加装了向外突出的航空指挥舰桥,舰岛后侧加装了1座独立桅杆。完成改装后的"维克拉玛蒂亚"号航空母舰全长283.5米,舰体宽32.7米,飞行甲板最宽处59.8米,标准排水量

苏联时期的"戈尔什科夫海军上将"号航空母舰。

"维克拉玛蒂亚"号航空母舰更换新的球鼻艏以便安装新型声呐。

"维克拉玛蒂亚"号或译为"超日王"号，现服役于印度海军。本舰原为俄罗斯海军基辅级航空母舰4号舰"戈尔什科夫海军上将"号航空母舰，1999年1月，印度与俄罗斯开始交涉，2004年卖给印度并展开改造工程，2013年11月16日交付给印度海军。

34200吨，满载排水量45300吨，属于中型常规动力航母。该舰经过改造后，全舰重心有所升高和前移，由于没有装备稳定鳍或自动配重系统，导致该舰在5级海况时纵摇幅度就会超过1.5°，因而无法起降舰载机。全舰包括航空人员总共编制员额约为1600人，所有内部舱室全部重新设计和装修，官兵生活保障条件有了明显提升，军官和士兵的人均居住面积位于世界现役航母前列，各等级居住舱都设有独立卫生间，配套的厨房、餐厅、娱乐室、医院等生活设施也一应俱全。

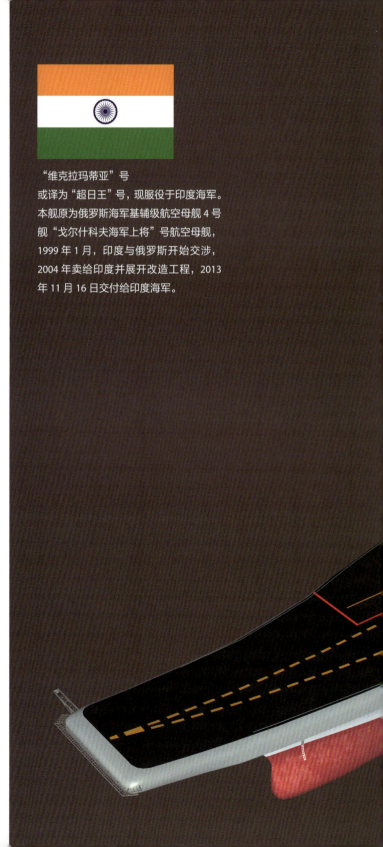

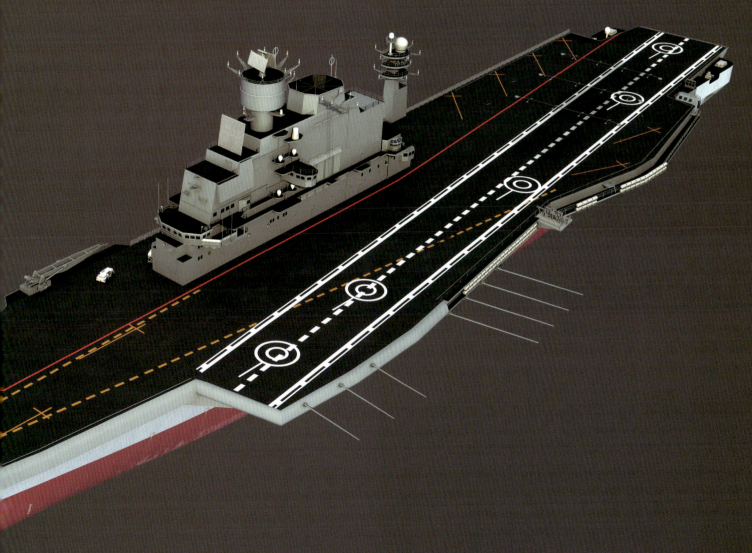

"维克拉玛蒂亚"号航空母舰 CG 图。

原"戈尔什科夫海军上将"号航空母舰飞行甲板示意图。

"维克拉玛蒂亚"号航空母舰在原舰体上加装新的飞行甲板模块。

改装完成后的"维克拉玛蒂亚"号航空母舰。

飞行甲板设计

"维克拉玛蒂亚"号航空母舰采用斜角飞行甲板设计,滑跃起飞甲板上翘 14.3°,飞行甲板总面积约 10200 平方米,比改装前的甲板面积增加近 60%,分为起飞区、降落区、停机区和保障区等多个板块,固定停机位可停放 9 架舰载战斗机,其余临时停机位需要统一调度使用。受甲板宽度限制,该舰仅有 2 个起飞点,左侧长起飞点横穿了降落区,长度约 180 米,右侧短起飞点位于前部升降机的前侧,长度约 160 米,由于米格-29K 舰载机属于中型舰载机,因此该型舰载机在两个起飞点均可以保证满载荷滑跃起飞。飞行甲板左舷设有舰载机着舰引导室和光学助降设备,飞行甲板后部设有 3 根拦阻索,相邻 2 根间距 13 米,由于拦阻索过于靠近舰艉,加上航母艉部摇摆幅度较大,导致拦阻成功率较低,舰载机复飞次数较多,飞行员

"维克拉玛蒂亚"号航空母舰飞行甲板上的舰载机。

米格-29K舰载机从"维克拉玛蒂亚"号航空母舰滑跃起飞。

"维克拉玛蒂亚"号航空母舰的米格-29K舰载机准备降落。

容易出现判断失误。2014 年 6 月，1 架米格 -29K 舰载机降落挂上最后 1 根拦阻索后误以为着舰失败，随即加速复飞，最终导致飞机严重受损。由于飞行甲板的起飞区与降落区存在大面积重叠，因此，该舰舰载机的实际出动率很低，无法同时进行舰载机起降作业。在飞机起飞或降落时，前部升降机均无法使用，从而导致"维克拉玛蒂亚"号航母甲板作业流程复杂、时效性较差，战斗力有限。

印度生产的 LCA "光辉"轻型舰载机成功着舰。

"维克拉玛蒂亚"号航母飞行甲板灯光效果。

机库区域设计

"维克拉玛蒂亚"号航空母舰的机库在改装后有所扩大,长130米,宽22.5米,高6.6米,面积约2930平方米,机库内保留了牵引轨道和旋转设备,最多能够容纳14架米格-29K舰载机和6架直升机。该舰的典型配置方案为30架米格-29K舰载机、2架卡-31预警直升机和6架卡-28反潜直升机。"维克拉玛蒂亚"号航空母舰在原有的2台升降机位置重新换装了全新的升降机,1台位于舰岛左侧,1台位于后部独立桅杆左侧,每台升降机平台长19.2米,宽10.3米,最大载重30吨,每次仅能搭载1架米格-29K舰载机。该舰在下层甲板保留了原有的后部弹药库,增加了一个前部弹药库,极大增强了航空弹药的携带能力,保证了舰载机的海上持续作战能力。2台直通飞行甲板的弹药升降机均布置在甲板右舷后部的停机区内。

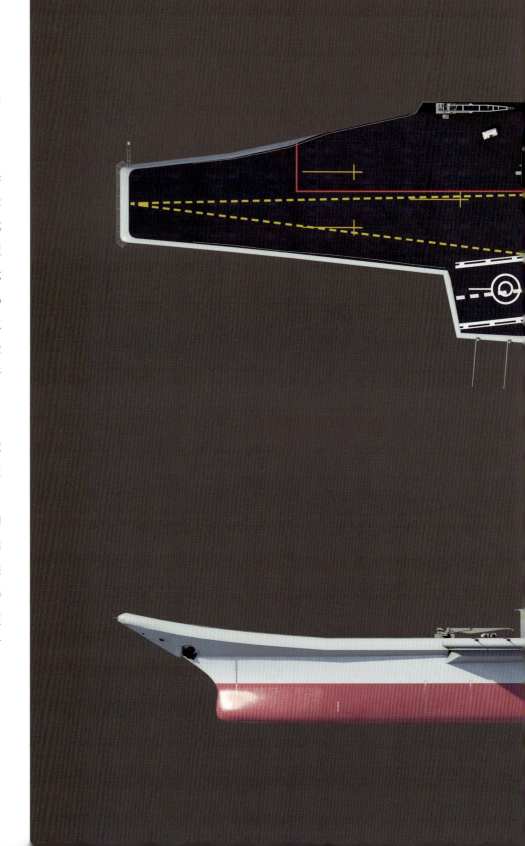

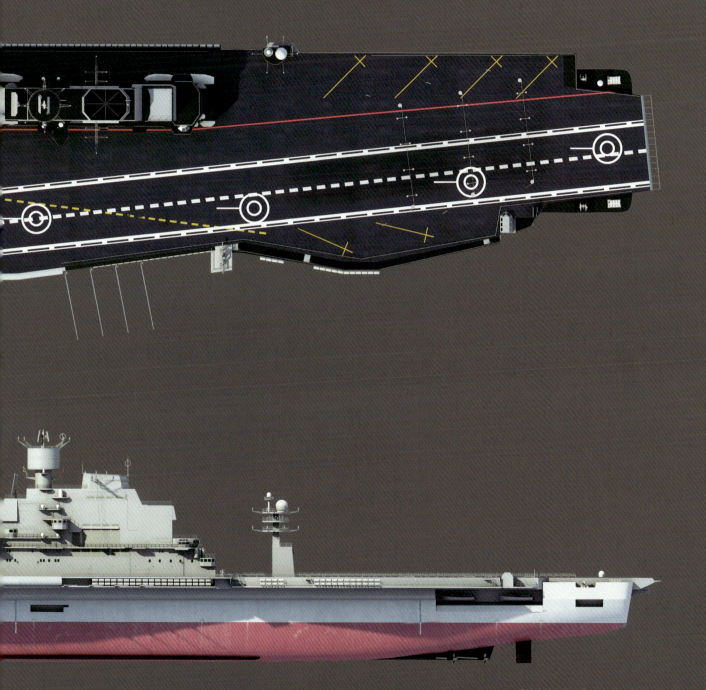

"维克拉玛蒂亚"号航母飞行甲板示意图。

第三章 现役典型航空母舰的技战术性能 119

"维克拉玛蒂亚"号航母机库内景。

"维克拉玛蒂亚"号航母的前部升降机。

"维克拉玛蒂亚"号航母的后部升降机。

动力系统

"维克拉玛蒂亚"号航空母舰的动力系统采用"四轴四桨两舵"设计,搭载了与"库兹涅佐夫"号航母同样的 8 台 KVG-4 增压型重油锅炉,外加与现代级驱逐舰同样的 4 台 GTZA-674 型蒸汽轮机。但是,在 2012 年 9 月海试期间,该舰动力系统发生了严重事故,因此俄罗斯不得不推迟交付时间,对所有锅炉进行全面更换。新的 8 座 KVG-4 改进版锅炉由波罗的海船厂生产,燃料从重油改为了柴油,有效提高了燃油利用率,增强了该舰的续航能力。同时,更换了 6 台全新的柴油发动机组,作为应急动力系统。该舰的动力系统设计与"库兹涅佐夫"号基本相同,更像是"库兹涅佐夫"号的技术验证舰。在换装新锅炉后,该舰推进系统的总功率约为 18 万马力,最大航速 29 节,在 18 节航速下最大续航力 13500 海里,远超相同航速下"库兹涅佐夫"号航母 8500 海里的最大续航力。

"维克拉玛蒂亚"号航母正在进行高速转弯测试。

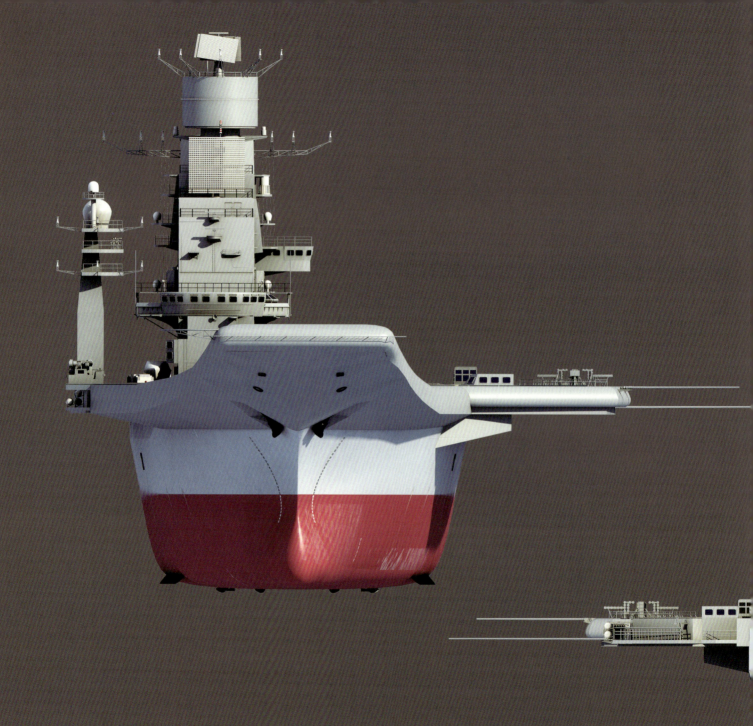

"维克拉玛蒂亚"号航母的正视图(左)与后视图。

舰电系统

"维克拉玛蒂亚"号航空母舰拆除了原舰岛上的"天空哨兵"多功能相控阵雷达和所有火控雷达，加装了 1 部"顶板"三坐标对空/对海雷达和 1 部"平网"三坐标远程搜索雷达，保留并升级了 1 部"蛋糕台"战术空中导航雷达、2 部 F 频段的 MR-320M"双撑面"对海雷达以及全新的电子战系统。其中，"顶板"三坐标对空/对海雷达安装在舰岛顶端，最大探测距离 300 公里，对低空小目标探测距离 50 公里。"平网"三坐标远程搜索雷达具备利用大气波导现象进行超远距离探测的能力，对海空大型目标最远探测距离达 500 公里。电子战系统由巴拉特公司生产，主要包括 2 座箔条干扰弹发射器和 1 套雷达对抗设备。为了保证电子设备互不干扰，在舰岛后侧设置了 1 个独立桅杆，用于安装卫星通信天线、战术数据链设备和光学导航设备。本舰换装了新的大尺寸球鼻艏，安装了俄罗斯新型的 MG-355 舰壳声呐。在交付服役时，"维克拉玛蒂亚"号航空母舰没有安装任何武器系统，后期改进时，加装了 1 套以色列制造的"巴拉克-1"防空导弹系统和 4 套由退役护卫舰上拆卸来的 AK-630 近防炮系统。"巴拉克-1"防空导弹系统采用垂直发射方式，备弹 48 枚，射程 12 公里，飞行速度 2 马赫，属于典型的近程点防御导弹。

"维克拉玛蒂亚"号航母的航海指挥舰桥内部。

"维克拉玛蒂亚"号航母正在进行消防演练。

综合评价

"维克拉玛蒂亚"号航空母舰虽然是一艘已经建造近50年的老旧航母,升级改装潜力和船体使用寿命已难有大的提升,总体作战性能明显落后于现代标准,但是对于印度这样的发展中国家来说,该舰仍是大幅提升海军实力的关键性武器平台,并对周边国家形成强大威慑。由于印度船舶制造能力有限,工业底子薄弱,通过与俄罗斯合作制造和维护中型航空母舰成为一条经济合理的便

印度"维克拉玛蒂亚"号航空母舰。

捷道路，在不断吸收技术、积累经验、总结教训的过程中，印度的国防工业体系得到了长足进步，也为印度航母的建设发展奠定了基础。

泰国"差克里·纳吕贝特"号航空母舰

"差克里·纳吕贝特"号是泰国海军装备的第一艘航母，也是世界上现役的最小吨位航母。该舰是西班牙巴赞造船公司根据"阿斯图里亚斯亲王"号轻型航母的设计方案和泰国海军的使用需求而量身定制的产品，于1994年7月开始建造，1997年8月正式服役，舷号R911，刷新了航母建造速度的世界纪录，当时造价约3.65亿美元。"差克里·纳吕贝特"号航母使泰国成为东南亚第一个装备航母的国家，泰国海军整体实力得到显著提升，具备了掌控泰国湾等关键海域的初始作战能力。

舰船结构

整体结构设计

"差克里·纳吕贝特"号航空母舰长182.6米，舰体宽22.5米，标准排水量7000吨，满载排水量11485吨，飞行甲板、动力系统、电力系统、损管系统及重要舱室等均按照欧洲军用标准建造，其余舰体结构、电缆管线、舱室隔断等均采用民用船舶标准建造，有效控制了建造成本。该舰舰载机采用短距/垂直起降方式，舰岛位于飞行甲板右侧，由航海指挥舰桥、作战指挥舰桥、航空指挥舰桥和电子设备舱室等组成，烟囱及管线位于舰岛后部，作战指挥中心（CIC）和通

泰国"差克里·纳吕贝特"号航空母舰。

"差克里·纳吕贝特"号航母后视图。

"差克里·纳吕贝特"号航空母舰
舷号：R-911
是泰国皇家海军隶下的一艘航空母舰，是泰国第一艘航母，也是世界上最小的航母。

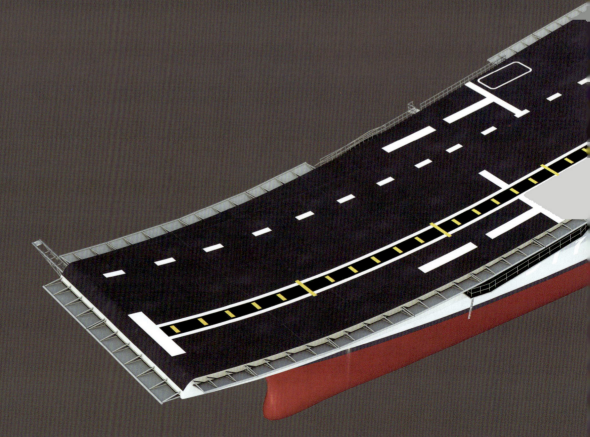

"差克里·纳吕贝特"号航母 CG 图。

"差克里·纳吕贝特"号航母正视图（左）与后视图。

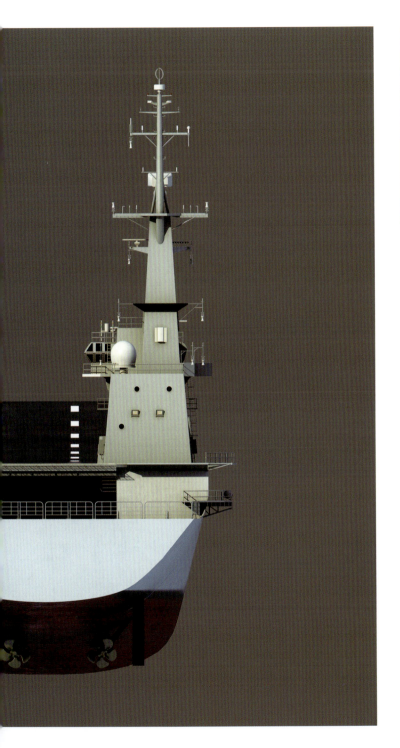

"差克里·纳吕贝特"号航空母舰右舷特写。

信舱室位于舰岛的下层甲板,舰岛前侧设有 1 台起重机。全舰纵向设置了 13 道水密隔舱和 3 个独立消防区域,具备一定的抗沉性和损管控制能力。动力舱位于舰体底层甲板的前后 2 个舱室交错布置,各连接 1 套推进系统。该航母设有 2 个独立弹药库,能够装载约 100 吨航空弹药。由于该舰吨位很小,因此在舰底两侧设有展翼形防摇龙骨和 2 对自动化控制的稳定鳍,以提高船体稳定性,保障舰载机能够在 4 级海况下正常起降。

飞行甲板设计

"差克里·纳吕贝特"号航空母舰飞行甲板长 174.6 米,宽 27.5 米,滑跃甲板上翘 12°,能够保证 AV-8S 舰载机以最大作战载荷滑跃起飞。该舰飞行甲板布置在船体偏左舷位置,主要是为了平衡舰岛一侧的重量,以保证重心落在船体中轴线上。飞行甲板设有 5 个直升机的起降点,跑道右侧设有 6 个固定停机位,其余临时停机位需要统一调度使用。该舰的典型配置

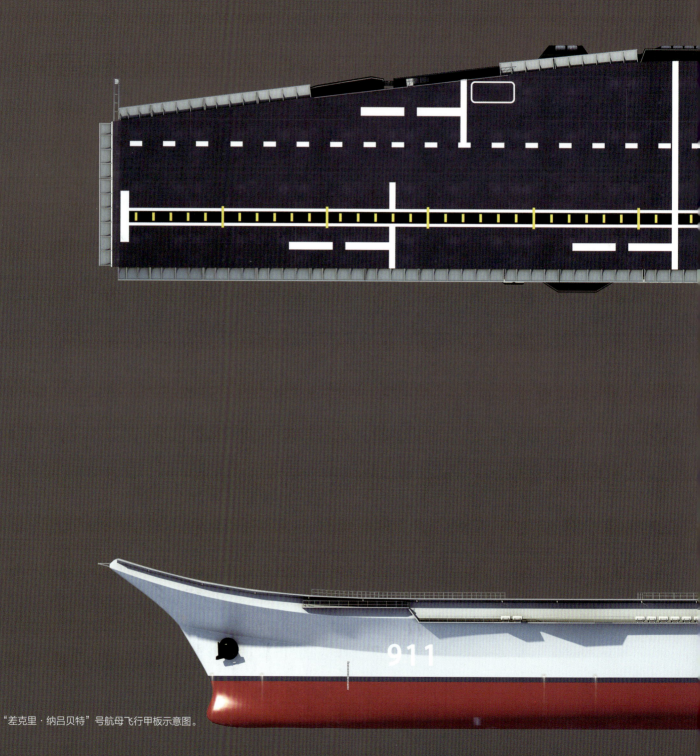

"差克里·纳吕贝特"号航母飞行甲板示意图。

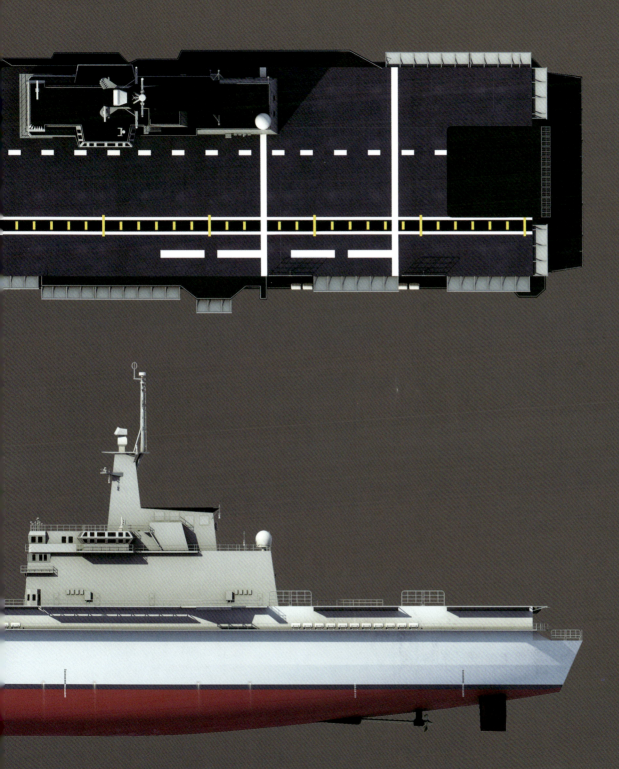

第三章 现役典型航空母舰的技战术性能 131

"差克里·纳吕贝特"号航母飞行甲板。

西班牙赠送给泰国的 AV-8S 舰载机已全部退役。

"差克里·纳吕贝特"号航母目前只能搭载直升机。

2019年泰国国王加冕登基仪式中的"差克里·纳吕贝特"号航空母舰。

为 8 架 AV-8S 舰载机和 6 架 S-70 直升机,由于 2006 年,AV-8S 舰载机已全部退役,泰国海军至今没有采购新型固定翼舰载机的计划,因此该舰目前仅能搭载最多 18 架各型直升机,作为直升机母舰使用。

机库区域设计

"差克里·纳吕贝特"号航空母舰的机库长 100 米,最宽处约 18 米,理论上可以存放 14 架各型直升机。机库中央设有防火帘和控制站,机库前部设有飞机维修间,机库内的舰载机调度由小型牵引车保障。该舰在舰岛前部和舰艉中部各设有 1 台升降机,最大载重 20 吨,足以保证飞行甲板和机库之间的运输调度。该舰采用传统的弹药分段运输方式,机库内设有 2 台弹药升降机,主要保证甲板下层弹药库和机库之间的弹药运输,该升降机必要时也可以运输伤员。"差克里·纳吕贝特"号航空母舰在执行两栖作战任务时,还可以将机库改造为登陆兵舱,足以容纳 600~700 名全副武装的海军陆战队队员。

动力系统

"差克里·纳吕贝特"号航空母舰采用柴燃联合动力方式(CODOG)和"双轴双桨双舵"设计,相比西班牙"阿斯图里亚斯亲王"号航母的燃气轮机动力方式和"单轴单桨单舵"设计更为经济实用和安全可靠。该舰装备了 2 台经典的通用动力 LM-2500 燃气轮机和 2 台 MTU-16V 型柴油机,每个动力舱分别部署 1 台燃气轮机、1 台柴油机和 1 套变速齿轮箱,共同驱

"差克里·纳吕贝特"号航空母舰机库内景。

堪称经典的通用动力 LM-2500 燃气轮机。

第三章 现役典型航空母舰的技战术性能 133

动 1 根主轴尾端的可调距螺旋桨。"差克里·纳吕贝特"号航空母舰总输出功率约 4.4 万马力，短时间最大航速可达 26 节，但巡航速度一般维持在 16 节左右。虽然该动力系统功率仅是 3000 吨级护卫舰的水平，但在相关军费预算有限的情况下，已足够满足泰国海军的需要。该舰还装备有 2 套独立的柴油发电机组和 1 台应急柴油发电机，主要为全舰提供电力供应。

舰电系统

"差克里·纳吕贝特"号航空母舰的作战指挥中心装备了西班牙"特里坦"（Tritan）战术情报指控系统，能够融合全舰各处收集的作战数据和状态信息，具备担负泰国海军海上编队旗舰的能力。2012 年，该舰由萨伯公司进一步升级了指挥控制系统，使其具备与泰国空军"鹰狮"战斗机和萨伯-340"爱立眼"预警机

"差克里·纳吕贝特"号航空母舰的舰岛特写。

"差克里·纳吕贝特"号航母的航海指挥舰桥内景。

法国 SADRAL 导弹发射系统（远）和 30 毫米舰炮（近）。

"差克里·纳吕贝特"号航空母舰编队与空军"鹰狮"战斗机编队联合演习。

泰国"差克里·纳吕贝特"号航空母舰。

进行数据链通信的能力。该舰安装了1部AN/SPS-52C三坐标对空警戒雷达、1部AN/SPS-64对海搜索雷达、1部STIR火控雷达、1部E/F波段空中管制雷达、1套URN-25"塔康"空中战术导航系统、1套MX-1105型"子午仪"卫星导航系统、1部舰壳声呐、1套AN/SLQ-32型综合电子战系统以及各类海上通信设备。该舰的自卫武器系统方面主要包括3座法国的6联装SADRAL导弹发射系统、2门30毫米口径舰炮、1套AN/SLQ-25鱼雷反制系统和4座MK-137干扰火箭发射装置。

综合评价

"差克里·纳吕贝特"号航空母舰使泰国海军能够抽组航母编队进行远海防御作战,维护泰国湾至马六甲海峡的海上通道安全。但是,泰国经济遭受亚洲金融危机重创后,军费严重吃紧,无力维持航母的正常战备开支,因此,该舰大多数时候都处于闲置状态,仅在2003年柬埔寨首都金边的反泰骚乱期间执行了一次海上威慑行动。在AV-8S舰载机全部退役后,该舰平时大多作为海上救援和抢险救灾的海上平台使用。随着2012年泰国经济逐步复苏,"差克里·纳吕贝特"号才逐步开始换装新的雷达和指控系统,并重新维护和粉刷,以两栖攻击舰的新角色投入日常战备训练活动中。

第四章 CHAPTER 4

航空母舰编队在现代海战中的作战流程和常用战术

航空母舰编队是二战后期出现的一种全新海上作战编队，主要以航空母舰为中心，以各型航母舰载机为作战主力，配属巡洋舰、驱逐舰、护卫舰、补给舰等军用舰船，用于遂行对空、对海、对地、反潜等各类超视距海上作战任务，根据每次任务的不同，编队兵力类型和数量可以灵活调整。随着核动力潜艇的出现，现代航母编队一般情况下均会编入攻击型核潜艇作为水下反潜作战的主力。

　　以美国航母编队为例，在日常战备巡逻和显示军事存在时，通常为单航母编队，典型配置为1艘核动力航母、4~6艘巡洋舰或驱逐舰、1~2艘攻击型核潜艇和1艘补给舰。在对敌对国家进行军事威慑或低强度武装干涉时，通常为双航母编队，典型配置为2艘核动力航母、8~12艘巡洋舰或驱逐舰、2~4艘攻击型核潜艇和2艘补给舰。在参与大规模局部战争时，则为多航母编队，典型配置为3~4艘核动力航母、16~24艘巡洋舰或驱逐舰、5~6艘攻击型核潜艇和4~6艘补给舰。需要指出的是，美国航母编队的旗舰一般由巡洋舰或专用指挥舰担任，航空母舰虽然具备强大的编队作战指挥能力和信息互联互通能力，但一般不会作为航母编队的指挥中枢，而是专注于舰载机部队的作战指挥职能。2003年，美国海军开始战略转型，将"航母战斗群"（CBG）概念改为"航母打击群"（CSG）[1]，减少了编队内水面舰艇数量，进一步突出各类精确制导武器的攻击效能，在作战任务上将重心从争夺制海权转变为"由海向陆"的纵深打击行动。而世界其他有航母的国家是以确保局部地区制海权为首要任务的。

航空母舰主要作战流程

飞行甲板调度流程

基本调度流程

　　航空母舰的飞行甲板是各类航空保障场地中面积最局促、环境最复杂、要求最苛刻的作业场地。此类场地需要能保障舰载机的起飞、降落、滑行、维修、补给和停放等各类作业。在这种背景下，飞行甲板调度问题成为决定航母和舰载机部队战斗力强弱的直接因素之一，每一个调度环节的延误均可能导致航母出动率下降，若航母关键设备出现机械故障或者飞行甲板出现安全事故，甚至可能直接导致航母在一定时间内失去战斗力。

　　飞行甲板调度流程和标准要求始终是世界各航母拥有国重点研究的课题之一，甲板调度指挥人员需要严格按照操作流程和起降顺序，精确指挥所有舰载机

---

[1] 这两种概念可理解为任务侧重不同的航母编队。——编者注

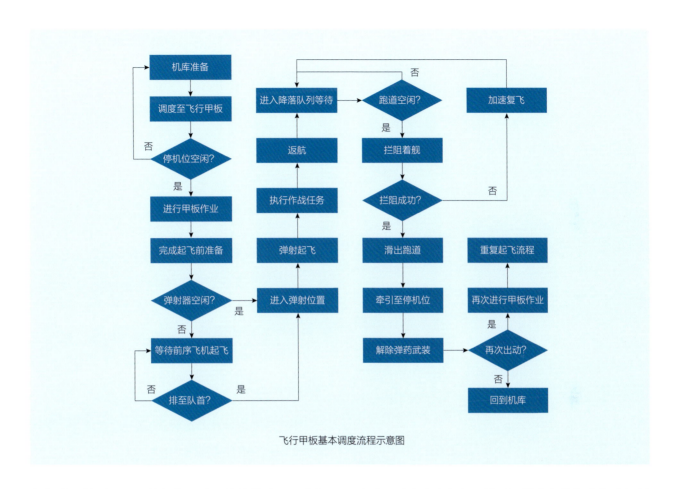

飞行甲板基本调度流程示意图

在加油、检测、挂弹等各作业阶段的地勤人员、停机位置、移动路径、后勤保障等，并同时控制各阶段的时间，在确保安全的情况下，努力追求整个飞行甲板运转效率的最优化。美国作为当今世界上拥有航空母舰数量最多的国家，积累了丰富的航母使用经验，也经历了大量的惨痛事故教训。因此，美国海军编写的《海军航空训练及作业程序标准化手册》对飞行甲板调度和作业内容进行了全面细致的规定和严格务实的要求，具有比较权威的指导意义，成为世界其他国家参考借鉴的重要资料。以美国航母为例，最基本的调度流程是当出击任务下达后，操作员将指定舰载机调运至指定停机位进行起飞前的各项补给和检测工作，然后调运至指定弹射器进行起飞前准备，舰载机听令起飞。返航时，舰载机需严格根据航母空管中心下达的降落顺序依次降落，降落成功则被调运至指定停机位进行二次补给或进入机库进行维修，降落失败则加速复飞，重新进入空管中心的降落队列排序中，必要时通过"伙伴式"空中加油保证排队所需的空中盘旋时间。

指挥调度方式

美国作为当今世界上唯一拥有重型航空母舰的国家，其航母飞行甲板指挥调度最为复杂，同时也非常成熟。为了保证甲板作业各个环节之间的协调一致、有条不紊、安全可靠，美国航母至今仍坚持采用人工决策为主的指挥调度方式，并逐步推进计算机辅助调度系统的开发与运用。在航母的飞行甲板调度中心，指挥人员主要依托一个飞行甲板的平面模型以及代表各类舰载机的模型对所有舰载机进行跟踪、监控和指挥，这种俗称"占卜板"的传统指挥方式主要是由指挥调度员通过无线电与航母各个部位的指定工作人员进行语音沟通，"占卜板"的管理人员手动实时记录和更新各舰载机模型的燃油、弹药、机械等状态标记，并不断调整各舰载机所在的具体位置。人工决策的主要优点是能够及时应对各种作业环节中的随机性问题，能够在"起飞-降落-保障-起飞"的周期性作业流程中，确保甲板各类工作人员之间的协同配合与沟通交流。主要缺点是语音指挥的效率不高，1名调度员可能需要与10余人进行无线通信，存在因频道被占用导致沟通不及时、指挥调度员无法并行指挥和各部位工作人员掌握信息不对称等问题。

针对人工决策的缺点，为了进一步提升指挥调度效率，美国海军开发了1套航空数据管理与控制系统（ADMACS），用于实现全舰各部位甲板作业数据和指挥调度命令的有效融合、共享与分发，使各部位工作人员能够及时掌握整体作业进度，合理安排工作内容，主动配合其他部门。同时，有利于指挥调度人员全面掌握各舰载机状态，减少调度过程中的语音交流，并且合理优化舰载机的移动路径，避免人为失误造成的飞机拥堵甚至碰撞事故。

甲板人员分工

美国航空母舰的飞行甲板需要上千名工作人员才能保障舰载机的全流程作业任务，为了便于直观识别不同人员的工作职责，所有甲板工作人员均需要严格穿戴指定颜色的工作服和头盔，工作服和头盔上还印有不同的标识符号。各种颜色和标志的组合使得甲板人员可细分为30余个类型和级别。简单来说，工作服和头盔的颜色分为黄、红、绿、白、蓝、褐、紫7种，详见下页示意图。除美国航母以外，其他国家航母由于舰载机数量和起降模式等差异，飞行甲板人员分类标准各有不同，着装要求、编制数量和职责任务都有自己的特点。

飞行甲板调度中心的"占卜板"。

人员	头盔	工作服/救生背心	符号(胸/背)
舰载机检查员	绿	白	中队符号
临时上舰人员	白	白	无/职衔
飞机移动和轮挡员	蓝	蓝	人员编号
舰载机调度员	黄	黄	职衔、人员编号
拦阻装置操作员	绿	绿	A
航空燃料员	紫	紫	F
货物装卸员	白	绿	SUPPLY/POSTAL
飞机弹射官	绿	黄	职衔
弹射器操作员	绿	绿	C
弹射器安全观察员	绿	红	职衔
飞机失事救护员	红	红	失事/救护
升降机操作员	白	蓝	E
爆炸物处理员(EOD)	红	红	黑色(EOD)
支援设备故障排除员	绿	绿	GSE
直升机降落信号兵	红	绿	H
直升机飞行器材检查员	红	褐	H
脱钩员	绿	绿	A
飞机降落指挥官	无	白	LSO
外场机械军士长	绿	褐	中队符号和Maint-COP
维修军士长	绿	绿	中队符号和Maint-COP
质量检查军士长	褐	绿	中队符号和QA
飞机检修军士长	绿	绿	黑白交替图案和中队符号
液氧员	白	白	LOX
维修人员	绿	绿	黑色条带和中队符号
医疗人员	白	白	红十字
传令员	白	蓝	T
军械保障员	红	红	黑色条带和中队符号
摄影师	绿	绿	P
机务检查员	褐	褐	中队符号
安全员	白	白	SAFETY
垂直补给协调员	白	绿	SUPPLY COORDINATOR
牵引车驾驶员	蓝	蓝	牵引车
转移军官	白	白	TRANSFER OFFICER

美国航母飞行甲板工作人员类型和标志示意图

舰载机检查员（绿头盔）和临时上舰人员。

医疗人员。

飞机弹射官。

牵引车驾驶员。

弹射器操作员。

航空燃料员。

机务检查员。

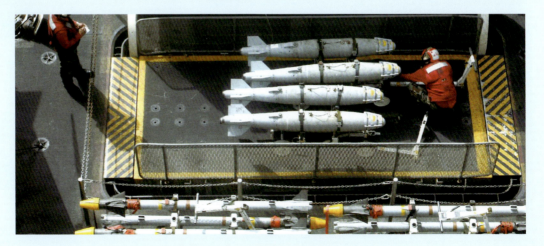
军械保障员。

第四章　航空母舰编队在现代海战中的作战流程和常用战术

舰载机甲板作业流程

基本作业流程

不同国家、不同类型舰载机的甲板作业要求虽存在一定区别,但基本流程相同。在接到作战命令后,舰载机需要从机库内通过升降机调运至飞行甲板,然后牵引至保障区域,依次进行相关甲板作业工作,然后牵引或自主滑行到起飞位置,做好起飞相关准备,最后听令起飞。以美国航母为例,F/A-18E/F 舰载机在甲板需要进行舰载机牵引调运、通风除潮、设备冷却、机务检查、充氧充氮、通电测试、加注燃油、挂载弹药、发动机测试、自主滑行、弹射器固定、偏流板调整、安全确认和弹射起飞等步骤。由于各项保障作业的硬件限制,除了具备"一站式"保障能力的最新型航母外,其余航母的舰载机均需要多次调整停机位进行对应的作业项目,一般情况下,位于起飞点担负战备值班任务的舰载机完成起飞前各项准备仅需要 2~5 分钟,机库内或刚降落的舰载机完成起飞前所有甲板作业内容至少需要 10~15 分钟。

自主滑行流程

舰载机自主滑行是甲板作业的一个重要环节,由于自主滑行需要起动飞机发动机,因此对于舰载机周边的人员和物资会造成一定的安全隐患,在执行自主滑行时,需要严格按照事先规划的滑行路线运动,并且严格执行一系列安全规定。以美国航母为例,舰载机飞行员在驾驶舱就位后,必须根据舰载机检查员的指示才能起动发动机,确保进气口、尾喷管或螺旋桨附近的人员撤离至安全距离外。舰载机调度员给出明确手势指令后,舰载机检查员和轮挡员解除舰载机的固定索具和轮挡,飞行员松开制动装置,驾驶舰载机开始低速滑行至指定位置。在舰载机滑行过程中,军械保障员需要时刻确认机载武器弹药的挂载状态,飞行员则需要时刻关注舰载机调度员的手势指令,以便

舰载机甲板作业流程示意图

牵引车对舰载机进行飞行甲板调度。

舰载机加油作业。

及时做出转向和制动等动作。除此之外，对于舰载机自主滑行，美国海军还有一系列具体操作要求，包括安全员位置、指挥手势要求、目视接触要求、系留操作要求、移动空间要求、滑行速度要求等，以确保自主滑行时舰载机的安全。

航空弹药运输流程

航空弹药的运输和挂载是耗时最长、工序最复杂、任务最繁重的作业内容，是决定舰载机甲板作业速度的关键环节之一，同时也是航母甲板作业中最具危险性的工作。弹药运输环节相对独立，可以与其他飞行甲板作业环节并行进行，弹药挂载环节则必须与整体甲板作业流程紧密衔接，以免对舰载机出动率造成影响。执行不同作战任务的舰载机需要携带不同的武器弹药，由于航空弹药种类各异、大小不一，因此在弹药的运输、组装、检查、挂载等操作步骤上存在一定区别。以美国尼米兹级航母为例，弹药运输采取分段工作方式，需要通过多层甲板，数百名人员操作大量机械设备才能进行。首先，操作人员根据作战任务需要，确定弹药类型与数量，由起重机械和人工推车将弹药从指定弹药库运输至内舱弹药升降机，送往机库甲板下层的2个士兵餐厅。然后，相关人员在士兵餐厅内安装可折叠的弹药装配操作台，将弹药逐个取出搬运至装配操作台上，严格按照操作程序进行弹药组装作业（包括尾翼、引信、制导设备等部件），弹药组装完成后立即进行技术检测。最后，他们把通过检测的弹药再次搬运至推车上，通过甲板弹药升降机直接运输至飞行甲板的指定区域，或者先运往机库内的中转

飞行甲板的弹药运输作业。

舰载机弹药挂载作业。

区，再由舷侧的舰载机升降机运输至飞行甲板指定区域。当需要对舰载机进行弹药挂载时，则人工推送弹药至舰载机停机位进行挂载作业。其余国家现役航母的弹药运输流程虽有差异，但基本相同。所不同的是，英国最新的伊丽莎白女王级航母采用了弹药自动化调运技术，进一步提升了弹药运输效率。

舰载机出动流程

固定翼舰载机的起飞方式包括滑跃起飞、弹射起飞和垂直起飞等3类。其中，弹射起飞作为最复杂的起飞方式，能够保证重型舰载机以最大起飞重量进行作战行动。在组织滑跃起飞和弹射起飞时，航空母舰需要转向至逆风方向并提高航行速度，从而帮助舰载机起飞升空。各国航母在舰载机起飞前，一般会有一架舰载直升机在空中或甲板上待命，以便第一时间救援起飞失败的舰载机飞行员。以美国和法国航母的弹射起飞方式为例，舰载机出动的基本流程包括5个环节：一是飞行员检查确认舰载机各系统工作状态正常后，通过牵引或自主滑行方式进入起飞位置，弹射器操作员将舰载机前起落架前侧挂钩与弹射器滑梭连接固定，将前起落架后侧制动器与飞行甲板连接，并升起尾焰偏流板。舰载机检查员最后确认机体外部状态和武器挂载情况。二是与舰载机飞行员进行起飞重量的最后确认，以便弹射器操作员正确设置弹射器的蒸汽压力，确保舰载机能够达到所需的起飞速度。三是向弹射器内注入蒸汽，不断升高的压力使得弹射器各部位的钢索逐步紧绷，舰载机飞行员松开飞机制动装置并将发动机置于最大马力工作状态，此时，舰载机完全由制动器保持静止状态。四是飞机弹射官最后与飞行员确认舰载机状态，并确认风速和弹射器工作状态，待一切正常后，则发出准备弹射指令，并起动弹射器释放制动器，飞行员在弹射过程中需密切关注飞机加速情况，必要时可以选择打开加力燃烧室进一步提升飞机速度，以确保飞机在甲板尽头能够到达起飞速度要求。当出现弹射器功率不足等意外情况时，位于航母的飞机弹射官有权随时中断弹射器工作。五是舰载机起飞离舰后，弹射器操作员需要立即整理钢索，并将弹射器滑梭复位至起飞位置，供下一次弹射使用，

舰载机前起落架与弹射器滑梭（左）及制动器（右）连接固定。

弹射器操作员与飞行员确认舰载机的实际起飞重量。

航空母舰的尾焰偏流板特写。

舰载机准备连续出动时的状态。

第四章 航空母舰编队在现代海战中的作战流程和常用战术　147

同一部弹射器的最小弹射间隔时间在 1 分钟以内，具体时间需由航母蒸汽压力和舰载机准备情况等多种因素决定。

空中管制流程

航空母舰与岸基机场的空中管制工作性质基本相同，但由于海上气象水文条件复杂、航母飞行甲板面积较小、管制空域覆盖范围有限，因此航母空中管制具有更为特殊的背景和要求。以美国尼米兹级航母为例，其航母空中管制中心（CATCC）是负责舰载机进场和离场指挥的专设部门，主要通过本舰雷达系统、E-2 系列预警机雷达和对空无线电等方式进行空中管制作业，主要管制舰载机的飞行高度间距、水平间距、活动空域、进场或离场航线等。

进场管制流程

美国海军舰载机编队完成作战任务返航时，先由 E-2 系列预警机根据航母实时位置和周边空域情况对舰载机进行逐一引导和排序。当舰载机进入距航母 50 海里范围内时，预警机将空中管制权限移交给航母空中管制中心，此后，舰载机需严格按照空中管制中心给定的航线和高度进行飞行，在指定空域盘旋待机并抛弃超重的航空弹药。空中管制中心根据舰载机油量情况、损伤情况以及拦阻索负载设定等因素制定降落队列，根据拦阻索复位情况和着舰跑道清空情况确定降落时间间隔。舰载机需要严格按照空中管制中心的指令依次进场降落。最后，当舰载机进入降落控制点准备着舰时，由航母的光学助降系统、"塔康"空中战

航空管制雷达系统屏幕特写。

术导航系统、AN/SPN-46 精确进场雷达和着舰指挥官等共同确保舰载机安全着舰。

进场航线要求

所有准备降落的舰载机均需要在航母左侧空域按照一定高度和水平间距盘旋飞行，等待最后的降落指令，降落优先级越高的舰载机，盘旋高度越低。盘旋航线为圆形，直径 8~9 公里，与航母斜角甲板的降落跑道保持相切关系，最低盘旋高度不得低于 600 米，相邻舰载机之间的高度差一般保持 300 米以上，依次向上空逐层累加。当位于最下层盘旋航线的舰载机获得空中管制中心着舰许可后，开始离开盘旋航线，进入最后的进场着陆阶段，其余等待中的舰载机则依次降高至下一层空域盘旋。进场着陆阶段对预定航线、相对航向、下降坡道、下降角度、复飞航线等均有明确规定。舰载机以 240 米高度飞跃航母斜角甲板上空后，向左转向回旋，在绕回到航母尾部 3 海里左右时，下降高度至 150 米左右，并正对降落跑道执行降落回

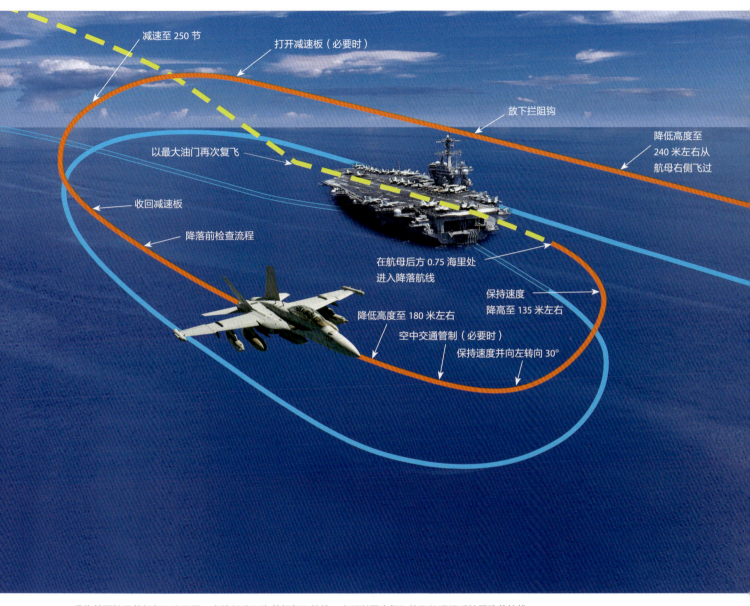

现代美军航母着舰复飞流程图,虚线部分即为着舰复飞航线。之所以要求复飞的飞机通场后转回降落航线,一是为了保证飞机自身的安全,二是为了腾空舰母上空空域,以免影响其他飞机起降。

收程序。若舰载机着舰拦阻失败，则再次加力复飞，爬升飞行高度进入航母左侧的盘旋等待空域，按照空中管制中心的指令重新排队。

离舰管制流程

航母空中管制中心对于起飞的舰载机编队进行空中管制时，流程和要求相对简单，除了舰载直升机的起降空域和待机空域外，没有明确固定的空域规定。当多架固定翼舰载机连续通过不同的弹射器弹射起飞后，需要严格按照各自离舰航线飞行，相邻 2 条离舰航线之间的水平夹角是确保舰载机之间互不干扰的关键参数，每台弹射器的离舰航线由空中管制中心根据任务要求、编队数量和地理条件等综合决定。舰载机离舰爬升并拉开至安全距离后，统一飞往航母前方指定空域盘旋等待编组集结，在这个过程中，舰载机飞行员需实时向空中管制中心报告高度变化、离场航线、飞行状态等内容。当所有舰载机升空组成空中编队后，即可脱离空中管制中心指挥，由编队作战指挥中心或预警机指挥所接过指挥权，开始执行相应作战任务。

舰载机回收流程

航母舰载机的回收能力是决定航母舰载机出动率的关键因素之一，由于必须确保同一波次出动的所有飞机能够安全着舰，因此对舰载机着舰成功率、拦阻索保障、甲板调度、空中加油、应急救援等方面都提出了较高的要求，是一项高强度的综合性任务。其中，舰载机着舰成功率是最容易造成回收时间延长的因素。随着美国海军雷达和电子辅助着舰技术的不断进步，舰载机飞行员着舰成功率已达到非常高的水平，甚至实现了无人机自主着舰。整个舰载机回收流程主要分为回收准备、舰载机着舰、拦阻索复位和甲板调度等 4 个环节，其中后面 3 个环节是循环进行的。理想情况下，美国航母的舰载机着舰时间间隔在 1 分钟以内。

回收准备环节，航母需要转入逆风航行状态，尽可能避免侧风影响。飞行甲板的降落区需要全部清空，所有人员严禁擅自越过安全线进入降落区。甲板调度指挥官根据需要回收舰载机的数量，预先留出甲板上的停机空间，规划好舰载机甲板停放位置、机库停放位置以及牵引调度顺序，同时准备好应急牵引车，及时处理因各种原因无法自主滑出降落区的舰载机。空中管制中心则根据回收舰载机的类型，安排着舰顺序。一般情况下，同类型舰载机降落完成后，再安排另一类型舰载机降落，以便拦阻装置操作员调整拦阻设备载荷。

舰载机着舰环节，飞行员执行降落回收程序，放下起落架和尾钩，在光学、雷达、电子等助降系统以及舰载机着舰引导人员的帮助下，确定下降航线和下降角度。由于航母处于匀速运动状态，考虑斜角甲板设计和相对风速影响等因素，使得舰载机的飞行姿态和降落航线需要不断修正。虽然美国海军舰载机已经具备自动降落能力，但仍要求舰载机始终处于飞行员手动控制状态。飞行员在计算着舰点时，需瞄准 2 号和 3 号拦阻索，以免出现计算误差和操作误差导致着舰成功率下降的情况。舰载机后起落架在接触到飞行甲板后，飞行员需加大油门将发动机功率提高至最大工况，当确认仪表灯光显示挂钩成功和体验到巨大拦阻减速阻力时，则完全松开油门并释放气闸，否则，在仪表灯光显示挂钩失败和着舰指挥官语音提示下立即复飞。

拦阻索复位和甲板调度环节可并行进行。舰载机速度归零后，拦阻索会由于松弛而脱离拦阻钩，少数情况需要脱钩员手动脱钩。拦阻索脱钩后，拦阻装置操作员迅速将拦阻索复位拉紧，当下一架降落的舰载机机型和重量有变时，需要重新调整拦阻索拉力，每根拦阻索具有100架次的使用寿命，届时需要更换新的拦阻索。舰载机脱钩后，根据甲板调度指令自主滑行或牵引出降落区，进入指定停机位置，相关甲板作业人员立即进行回收弹药、折叠机翼、关闭系统、系留固定等工作，需要再次出动的舰载机视情况进入补给作业流程，不需要再次出动的舰载机则牵引至机库内停放和维护。在舰载机紧急迫降的情况下，拦阻装置操作员需要立即安装3号拦阻索附近由2根钢柱拉起的拦阻网，拦阻网由高韧度的尼龙绳编织而成，高6米左右。舰载机迫降成功后，相关保障人员需要立即转移舰载机，清理飞行甲板，以保证后续舰载机的降落安全。

下马的X-47B无人机项目其无人机已经具备自主着舰能力。

舰载机抬头显示器正在显示电子助降系统的提示信息。

舰载机通过拦阻索进行减速制动。

第四章 航空母舰编队在现代海战中的作战流程和常用战术

航空母舰的拦阻网。

舰载机着舰后需立即调运至舰艏甲板。

航空母舰编队基本战术

航空母舰编队主要采取环形队、菱形队、梯形队等战术队形，在作战行动各阶段需要针对海空威胁类型和主要威胁方向进行不断调整变化。航空母舰编队的基本作战行动包括防空作战、反舰作战、反潜作战和对陆打击作战等 4 类。其中，防空作战主要是拦截敌方空中来袭的作战飞机和各种平台发射的反舰导弹，保护编队免遭空中袭击；反舰作战主要是歼灭敌方水面舰艇部队的有生力量，掌握制海权；反潜作战主要是消灭或驱离敌方潜艇，确保编队免遭偷袭；对陆打击作战主要是对敌方沿海和纵深的重要目标实施近距轰炸和远程精确打击，并为本方地面部队提供空中火力支援。接下来，以美国航母打击群为例，对 4 类作战行动作简要介绍。

防空作战行动

作战原则

美国航母打击群在组织防空作战行动时，主要作战原则包括以下 4 点：

一是突出远程预警，强调攻势防御。航母打击群应充分利用卫星探测、雷达预警、电子侦察、友方情报支援等信息优势，力争尽早发现敌方攻击企图，增加本方防空作战准备和应对时间。在预警机实时指挥和其他情报源引导下，主动对敌方来犯之敌（空中）实施空中进攻行动，尽可能削弱敌方空中突袭能力。

二是增加防御纵深，加强梯次防御。防空作战中，敌方反舰导弹具备速度快、高度低、机动性强等特点，是海上舰船的主要威胁。航母打击群应尽可能增加主要威胁方向的防御纵深，并弥补其他方向的防御盲区，将各类防空兵力呈梯次配置，以增加抗击成功率。

三是集中优势兵力，确保有效拦截。航母打击群应在短时间内充分发挥速度优势，集中大量兵力在局部区域形成空中优势，主动进行大机群进攻作战，避免陷入消耗战的被动情况。舰载机在进行空中拦截时，强调优先保存自己和有效击落敌机。

四是强调统一指挥，优化火力配置。航母打击群实施防空作战时，所有海空作战平台由防空作战指挥中心统一指挥，所有敌方飞机和反舰导弹等态势均实时共享，确保各作战舰船的防空导弹系统、近防武器系统和电子战系统协同工作，达成最优防御效果。

基本策略

美国航母打击群防空作战行动是贯穿整个作战行动始终的核心防御行动之一，主要分为防空警戒和防空拦截两个方面。在组织防空警戒时，一般构筑远、中、近三层警戒区。其中，远程警戒区由 1~2 架舰载预警机和脱离编队前出侦察的 1 艘防空哨舰负责，由于当今美国航母打击群的护航舰船数量相较于以前的航母战斗群有了明显缩减，因此航母打击群在持续组织防空警戒时，队形设置会相对捉襟见肘。远程警戒区的防空警戒任务一般还需要上级安排的其他岸基飞机、舰船、卫星或岸基电子战兵力等提供支援，并且主要在敌方可能来袭方向进行兵力部署。远程警戒区的最大预警距离在指定方向上可达 350~600 海里，目前已具备探测外太空来袭弹道导弹的能力。中程警戒区由航母打击群各舰的远程对空搜索雷达系统负责，有一定概率发现 160~200 海里来袭的空中目标。近程警戒区由各舰的所有对空、对海探测雷达和防空武器系统的火控雷达等共同组成，主要对编队视距范围内低空飞行的反舰导弹进行探测和告警。

在组织防空拦截时，同样构筑远、中、近三层拦截区。其中，远程拦截区通常设在编队威胁方向的 70~150 海里附近空域，主要由预警机指挥各型舰载机对敌方作战飞机和巡航导弹进行空中拦截和电子干扰。中程拦截区的防御范围根据编队各舰的舰载中／远程防空导弹射程决定，一般为 20~60 海里的环形空域，用于对突破远程拦截区的敌方目标进行区域防空作战，航母舰载机在截击作战时通常不得进入该区域，以免被本方导弹误击。近程拦截区是针对来袭反舰导弹的最后一层防线，一般为 8 海里范围内的环形空域，主要由编队各舰的近程防空导弹、近防炮系统、有源或无源电子对抗系统等进行点防御作战，留给各型武器系统的反应时间通常不足 10 秒。

组织实施

美国航母打击群在组织防空作战时，通常由 1 艘巡洋舰或驱逐舰担任防空作战指挥舰，该舰舰长兼任编队的防空作战指挥官，编队内所有舰船和飞机均须根据防空作战指挥官分配的拦截目标和拦截优先级进行统一行动，避免盲目攻击和重复攻击。在各层警戒区和拦截区，所有作战平台和作战相关单位均有明确的协同要求和操作规定，舰载和机载指控系统可通过战术数据链实时共享战场态势，有效弥补各作战平台的探测盲区。各作战舰船可自行对目标实施跟踪和拦截，也可以引导处于更有利拦截阵位的其他作战平台进行火力拦截。在近程拦截区，各舰的近程防御系统有明确的责任扇区和严格的射界要求，避免防空火力误伤编队内其他舰船。在进行有源或无源电子对抗时，则必须严格执行符合编队队形需要的电子对抗方案，避免将敌方反舰导弹诱导向编队内其他舰船方向。

美国航母打击群在舰载机使用上有明确的战备等级规定。日常战备巡航时，一般保持 2 架舰载战斗机和 1 架舰载预警机在空中警戒。进入 3 级战备时，会保持 2~4 架舰载战斗机和 1~2 架舰载预警机在主要威胁方向的远程拦截区警戒待命，并保持 4 架舰载战斗机位于航母飞行甲板上带弹值班，5 分钟内就可以升空作战。进入 1 级战备时，在确保足够数量空中警戒兵力的同时，2 座舰艉弹射器将保持 2 架舰载战斗机处于发动机起动状态，并不断加注燃油，确保随时可以在 1 分钟内出动。另外，4 架舰载战斗机处于 5 分钟准备状态，4 架舰载战斗机处于 15 分钟准备状态，4~6 架舰载战斗机处于 30 分钟准备状态。舰载机各等级准备状态可根据空中威胁情况压缩或延长，主要由飞行员待命位置和战斗机油、弹准备情况等决定。进入交战阶段后，舰载机的作战使用需要根据战场实时态势和航母起降保障能力等灵活组织。

舰载机在远程拦截区作战时，主要分为弹射起飞、预警引导、接敌机动、电子压制、对空打击和返航着舰等 6 个环节，力争使用各型空对空导弹摧毁来袭的舰载机或反舰导弹。编队舰船在中程拦截区作战时，主要分为态势共享、探测跟踪、威胁判断、目标分配、协同打击和补充打击等 6 个环节，力争使用舰载中、远程防空导弹对来袭空中目标进行层层拦截，通常每批次对每个来袭目标发射 2 枚防空导弹，以提高拦截命中率和降低弹药消耗率，确认拦截失败后须立即进行补充打击。编队舰船在近程拦截区作战时，作战环节与中程拦截区基本相同，除了继续使用近程防空导弹对来袭反舰导弹进行点对点拦截外，还会使用舰载电子对抗系统对反舰导弹末制导设备进行"软"抗击，使其失去目标或锁定诱饵目标。进行"软"抗击的同时，编队舰船一般需要根据电子抗击方案进行转向规避机动，以提高电子对抗效果。当来袭反舰导弹突防进入最后 1.5 公里后，则利用近防炮系统进行全自动抗击。

反舰作战行动

作战原则

美国航母打击群在组织反舰作战行动时，主要作战原则包括：

一是加强目标探测，确保综合识别。航母打击群对于敌方水面目标的远程探测识别相比空中目标具有更大难度。由于海域面积广阔、海上目标众多、海面杂波情况复杂，加上各国作战舰艇隐身水平的不断提升，使得仅通过舰载和机载雷达对敌方水面目标进行远程探测识别的模式存在明显局限性。在敌方水面舰艇没有展开战斗队形并且没有突然做出变向变速或发动导弹攻击等敌对动作时，识别敌方目标属性和类型就成为一件非常复杂的任务，需要通过卫星侦察、电子侦察、航迹分析、民船数据比对、舰载机前出侦察等多种方式实现目标综合识别，以确保海战主动权。

二是强调海空协同，力争先敌打击。在识别敌方海上目标属性后，航母打击群应立即根据敌方运动情况和威胁距离，组织舰载机、护航舰船、核潜艇等多类平台进行海空协同反舰攻击，力争在敌方水面目标发射反舰导弹之前将其摧毁。在组织海空协同攻击时，航母打击群需要根据敌方舰船或海上作战编队的防空抗导能力和预警探测能力等进行综合战斗计算，确定执行任务的作战平台、使用的反舰武器数量、协同打击时间、航路规划、引导方式等要素，力争达成首波超视距突袭效果。当战斗评估判定首波攻击无效时，航母打击群须立即组织补充攻击。

三是突出纵深攻击，削弱海上威胁。美国海军为保证航母打击群的综合安全，在海上作战行动取得积极进展且战线向前推进时，将适时发动对敌方纵深和沿岸海军力量的主动性进攻，包括敌方军用港口、海军基地、造船厂、岸基反舰导弹阵地等目标，均是美国航母打击群的攻击对象，从而力争在源头上削弱敌方海上作战舰船对航母打击群的导弹和鱼雷威胁，甚至彻底消灭敌方海军的有生作战力量，消除敌方持续进行海上游击作战的战争潜力。

基本策略

美国航母打击群反舰作战行动是一项争夺制海权的进攻性任务，在强调进攻的同时，还要消除敌方海基反舰导弹的威胁，从而顺势达到积极防御的目的。在进行反舰作战行动时，美军主要在海上设置探测区、识别区和打击区等3层环形区域。其中，探测区一般距离航母500海里以外，航母打击群会调动编队和友军的各种侦察力量搜索可疑的海上目标，将无法筛选识别的不明目标列为重点监视对象，对其航行轨迹进行全时跟踪，必要时派出舰载机前出侦察识别。识别区一般是距离航母350~500海里的环形区域，美国航母打击群要求对该区域内所有海上目标保持全程态势掌握和严密跟踪监视，对于不明目标必须进行有效识别，并对威胁等级进行分类排序。打击区一般距离航母350海里以内，当不明目标做出敌对行动，或不明目标已被识别为敌方舰艇时，航母打击群的反舰作战指挥官需要最后进行敌我识别结果确认，明确目标打击方案，下达反舰作战命令。

在组织反舰作战时，航母打击群内的舰载战斗机、巡洋舰、驱逐舰、攻击型核潜艇等均可以参加作战行动，主要根据敌方海上目标的距离和防御等级决定兵力使用方案。一般情况下，在探测区和识别区进攻敌方大、中型水面舰艇，主要依靠舰载战斗机携带的空舰导弹实施攻击。在满足射程和目标指示条件时，突前部署的攻击型核潜艇也可以进行"战斧"巡航导弹（反舰型）攻击。在打击区内进攻敌方大、中型水面舰艇时，可以依靠舰载机空舰导弹、巡洋舰、驱逐舰、攻击型核潜艇等平台携带的反舰导弹等武器实施攻击，在满足射程且攻击阵位有利时，攻击型核潜艇可以利用鱼雷进行攻击。对于已经快速迫近至编队近距离的小型快艇等海上目标，主要依靠巡洋舰和驱逐舰的舰艏主炮进行攻击，必要时，甚至可以使用近程防空导弹和近防炮进行攻击。

组织实施

美国航母打击群在组织反舰作战时，由编队反舰作战指挥官全权负责，编队内所有舰船和飞机均须根据反舰作战指挥官分配的海上目标和打击方案进行统一行动。

在侦察探测阶段，舰载机和岸基巡逻机是外层防线的主要侦察力量，通常利用其机载主动搜索雷达、红外传感器、电子传感器和人力目视等搜索方式进行持续不间断搜索。得益于美国全球化的军事基地保障能力，其航母打击群一般可以获得岸基固定翼飞机的长时间情报支援，从而极大减轻了航母舰载机的侦察任务负担。舰载机和岸基巡逻机发现新的海上目标后，主要通过Link系列数据链将目标数据发回编队，由编队C4ISR指挥信息系统整合为新的海上态势，并报告反舰作战指挥官掌握。编队内的水面舰船主要依靠舰载对海搜索雷达和电子侦察设备对本舰周边海域进行全时警戒，发现新的海上目标后，同样通过数据链上报至编队指挥信息系统。

在跟踪识别阶段，航母打击群必须通过各种手段对编队指挥信息系统中掌握的所有海上目标进行识别。一般情况下，编队兵力需要在探测区初步识别判断出海上目标的类型，包括军用作战舰船、军用保障舰船、民用舰船等。在识别区内，编队兵力需要进一步确认指定海上目标的敌我属性和舰船类型，其中敌我属性包括敌方、友方、中立方、不明方等，舰船类型包括驱逐舰、护卫舰、导弹艇等。在多方综合情报源共同辅助下，编队甚至可以精确识别目标舰船的国别、舰型、舰名等。对于已经识别为敌方的作战舰船和始终无法识别的海上目标，反舰作战指挥官需要指定目标威胁等级和打击优先级，并指派相关空中兵力或攻击型核潜艇持续保持对目标的跟踪和锁定。

在对舰打击阶段，需要首先计算反舰导弹攻击方案的命中和毁伤效能，制定合理的打击方案，包括参战兵力、使用武器、打击时机等。对敌方大型水面舰船，一般采用海空协同攻击方式，由舰载机、水面舰船、攻击型核潜艇等作战平台发起多方位齐射攻击，确保直接命中3~5枚反舰导弹才能瘫痪敌舰。对敌方中型水面舰船，一般由舰载机或攻击型核潜艇进行首波突击，水面舰船视情进行第二波次补充打击，确保直接命中2~3枚反舰导弹才能瘫痪敌舰。对于敌方小型水面舰船，一般利用单架舰载战斗机或直升机携带反舰导弹进行远程打击，确保命中1枚即可摧毁敌舰。在进行海空协同攻击时，低空突防的舰载机攻击编队一般需要电子战飞机的电磁掩护和预警机的目标指示，进入反舰导弹最大射程后爬升至发射高度进行导弹攻击，随后降高转向退出战斗。水面舰船和攻击型核潜艇利用反舰导弹进行远程协同攻击时，一般不会进行单舰攻击行动，需要编队各舰对敌方目标进行交叉定位，明确规定各舰（潜艇）反舰导弹的发射时间、发射数量、飞行航路和空中转向点等要素，以确保各舰反舰导弹能够同时飞临目标上空。在舰载机进行首波突击时，水面舰船和攻击型核潜艇的第二波攻击时间必须确保舰载机返航安全。

反潜作战行动

作战原则

美国航母打击群在组织反潜作战行动时，主要作战原则包括：

一是确保先发制人，实现战略反潜。 航母打击群在执行战略反潜行动时，主要以敌方弹道导弹核潜艇为打击目标。为了避免敌方弹道导弹核潜艇离港进入海上预设的发射阵地对美国本土进行弹道导弹攻击，航母打击群的首要任务是利用航空兵和巡航导弹进行大纵深突袭，力争将敌方弹道导弹核潜艇摧毁在港口或基地；其次是利用攻击型核潜艇在敌方弹道导弹核潜艇可能活动区域进行搜索和游猎，限制敌方弹道导弹核潜艇进入发射阵地；最后是在敌方弹道导弹核潜艇发射弹道导弹后，立即综合定位其发射位置，迅速组织兵力展开反潜作战行动将其摧毁，已经发射的弹道导弹则交由战略导弹防御部队进行拦截。

二是强调全时警戒，做好对潜防御。 航母打击群在执行作战任务时，通常会面临敌方常规潜艇和攻击型核潜艇的持续性威胁，因此必须全程保持对水下可疑目标的探测和识别。编队主要依靠岸基反潜巡逻机、舰载反潜直升机、水面舰船、攻击型核潜艇等兵力，构成以航空母舰为中心的环形防御区，并在主要威胁方向强化反潜兵力配置。当值班舰船听测到水下鱼雷噪声时，需立即通报编队进行防鱼雷措施，包括编队舰船加速变向机动、释放鱼雷诱饵、发射火箭深弹等。

三是突出集中指挥，分区协同反潜。航母打击群所有反潜兵力采用集中指挥方式，主要根据不同兵力特点采取分区搜索的编队协同反潜战术。其中，友军岸基反潜巡逻机具备滞空时间长、搜索面积大的特点，一般适用于在航母打击群外围广大区域进行机动反潜，并布置声呐浮标警戒带。攻击型核潜艇作为最佳反潜平台，一般负责在主要水下威胁方向建立反潜搜索区。舰载反潜直升机具有机动灵活、航程有限的特点，一般负责在反潜防御区弱侧进行机动补盲，并对疑似水下目标位置进行吊放声呐听测和鱼雷攻击。护航水面舰船作为距离航空母舰最近的反潜兵力，主要负责轮流利用舰壳声呐和拖曳声呐进行 24 小时主、被动听测。所有反潜兵力一旦确认敌方水下潜艇位置，则立即组织先手攻击。

基本策略

美国航母打击群反潜作战是贯穿整个作战行动始终的核心防御行动之一，重要性仅次于防空作战，但作战难度却更胜一筹。由于水下战场环境复杂多变，在组织反潜防御区时，一般分为外、中、内 3 个层次，外层由岸基反潜巡逻机负责，通常在距航母 60~150 海里的海区设置警戒巡逻线。中层由攻击型核潜艇和前出侦察的防空哨舰负责，通常在距航母 30~60 海里的海区设置多个反潜巡逻区，由攻击型核潜艇负责的区域一般禁止编队其他水面舰船进入，并且不得随意在该区域进行鱼雷攻击，以防造成误伤。内层由护航的巡洋舰、驱逐舰和舰载反潜直升机负责，一般按照环形队形部署在航母四周 10~15 海里范围内。

在反潜作战中，主要分为探测、识别、跟踪、攻击、防御等 5 个环节，而对潜探测则属于所有环节的重中之重。由于主、被动声呐设备探测水下目标的影响因素较多，包括海洋温度、湿度、盐度、密度，海底底质、地形，以及洋流、涡流等均会造成海洋声速曲线的变化，产生各种声道、会聚区和盲区，加上潜艇自身的静音性能、下潜深度、运动速度、相对方位等因素，即使敌方潜艇位于水面舰艇或反潜巡逻机声呐设备探测范围内，也存在较大概率无法发现或稳定跟踪。因此，编队必须指定舰艇定时测量海洋声速曲线，随时调整声呐主、被动工作状态和搜索模式。对于敌方潜艇来说，为了攻击航母这个主要目标，往往会采用各种战术隐蔽自己，在没有暴露的情况下，不会主动对编队护航舰船发起攻击，这导致编队水下搜潜难度进一步增加。目前，用于探测潜艇的设备主要包括磁探仪、声呐浮标、吊放声呐、红外探测仪、激光探测设备、重力探测仪、拖曳阵声呐、舰壳声呐等，最适合进行反潜作战的平台是攻击型核潜艇和新型无人潜航器等水下作战装备。

组织实施

美国航母打击群在组织反潜作战时，通常由 1 名反潜作战指挥官负责组织指挥，进入预定任务作战区后，反潜作战的战备等级立即升至最高级别，包括各舰声呐探测部位、水声对抗部位、舰载反潜直升机部位、航海部位等均需保持密切协同，以应对任何时候可能遭到的鱼雷袭击。反潜作战指挥官需要判断敌方潜艇主要威胁方向、可能设伏区域和水下机动能力，针对性制定搜潜方案，明确外、中、内三层反潜兵力的协同要求、责任区域、值班更次、警戒线位置等，主要避免同型号主动声呐之间发生互扰，避免本方潜艇搜潜能力受到本方水面舰艇干扰和限制，避免岸基反潜巡逻机的声呐浮标阵与航母打击群在作战区内的机动方案产生矛盾等问题。

当航母不需要起降舰载机的情况下，整个编队通常按照环形队形沿 Z 形航线保持不间断的曲折机动，通常速度不超过 15 节，曲折机动的最终航向可实时调整，以降低敌方潜艇提前占领有利阵位发射鱼雷的概率。若敌方潜艇试图提速追赶航母打击群，则会增大其暴露的概率。当编队海空兵力发现不明潜艇目标后，航空母舰和护航舰船立即转向目标的相反方位曲折机动，由 1 艘驱逐舰和数架反潜直升机继续进行搜索、跟踪和识别。若声呐丢失目标，则需要计算敌方潜艇可能的散布范围，对确定范围进行快速搜索，包括扇形搜索、圆周搜索或蛙跳搜索等，直到再次稳定跟踪并确认目标属性后，立即进行反潜导弹或机载鱼雷攻击，以摧毁或驱离敌方潜艇。当本方攻击型核潜艇在外层发现不明潜艇时，则需要进行声指纹比对识别，并以跟踪监视为主，避免误击其他国家潜艇引发重大国际事件，当判明不明潜艇敌意后，则立即进行鱼雷攻击，并做好规避对方反击鱼雷的准备。

若航母打击群直到鱼雷告警设备告警后，才发现来袭鱼雷，则需要根据来袭鱼雷方位、相对夹角立即进行全速转向规避机动，护航舰船根据鱼雷可能采用的制导方式和系统自动计算生成的水声对抗方案发射火箭深弹进行拦截，释放鱼雷诱饵进行诱骗。同时，定位鱼雷来袭方位组织反击行动，水面舰船向敌方潜艇可能的位置发射反潜导弹，飞行甲板待命的舰载反潜直升机立即起飞前出搜索，尽可能降低敌方潜艇再次攻击的概率。

对陆打击作战行动

作战原则

美国航母打击群在组织对陆打击作战行动时，主要作战原则包括：

一是积极进攻纵深，争取先手优势。 航母打击群的对陆打击作战通常主张进行先发制人的纵深式打击，不光进攻敌方正面一线的地面作战部队，同时要对敌纵深的重要目标进行打击，包括军用机场、海军基地、指挥中心、后方部队集结地、军用仓库、军工厂等军事目标，甚至包括广播电台、政府机构、炼油厂、电力设施、交通枢纽、网络节点等民用目标，以求最大限度杀伤敌方海陆空军有生力量，瓦解敌方政府和民众的抵抗意志，削弱敌方持续进行战争的潜力。

二是强调协同作战，确保相互支援。 航母舰载机部队在执行对陆打击作战任务时，通常采用混合编组的方式，舰载预警机、舰载电子战飞机、舰载战斗攻击机[一]、岸基加油机、岸基无人侦察机等均会在作战行

[一] 这里指兼具战斗（空战）和攻击功能的固定翼舰载机。——编者注

动中发挥作用，以增强打击精度和突防效果。一般情况下，舰载机作战编队还会与美国空军和海军陆战队的作战飞机密切配合，确保作战空域划分明确、作战目标分配合理、作战时间协同一致。

三是突出远程打击，降低人员伤亡。随着远程精确制导武器的普及，航母打击群在对陆打击作战时，对防空能力强的地面目标或区域，会优先使用巡航导弹进行攻击，摧毁地面防空力量和周边军用机场后，才会派出混编机群进行扫荡作战，从而将舰载机和飞行员的损失降到最低限度。

基本策略

美国航母打击群对陆打击作战是一种典型的进攻作战，也是当前握有海上霸权的美国海军积极改革和转型的主要方向。在世界大多数国家无力对美国航空母舰形成实际威胁的现实背景下，"由海向陆"战略成为美国海军提升军种地位和作用的关键抓手。航母打击群的主要打击手段包括舰载战斗攻击机空袭、巡航导弹远程突袭、舰炮近距火力支援等 3 类。当需要航空母舰进行对陆打击作战时，美国海军通常会集中多个航母打击群兵力，并且增加配属编队指挥的巡洋舰、驱逐舰、攻击型核潜艇和战斗支援舰数量。在海上攻击阵位选择上，多个航母打击群一般选择在距敌岸 120~160 海里的多个海区持续游弋，力争形成多个方向的攻击路线，增大敌方防御作战难度，提升对陆打击效率。

在进行舰载战斗攻击机空袭时，主要采用空对地导弹、反辐射导弹、精确制导炸弹等机载武器，舰载预警机负责进行空中指挥并指示攻击目标，舰载电子战飞机负责开辟"空中电磁走廊"，干扰、压制和摧毁敌方防空雷达。在进行巡航导弹远程突袭时，主要采取地形匹配和 GPS 制导方式，由编队内的巡洋舰、驱逐舰和攻击型核潜艇负责发射导弹。在进行舰炮近距火力支援时，由编队内巡洋舰和驱逐舰前出至敌方近岸实施炮击，主要用于支援海军陆战队的两栖登陆作战。需要指出的是，美军在进行对陆打击行动时，一般由空军负责指挥和实施，海军航母舰载机部队主要负责协同和支援。在进行作战区域划分和作战目标分配时，空军通常负责对敌方纵深地区防空力量较强的目标进行攻击，并提供作战区域的空中掩护和情报支援，海军航母舰载机部队通常负责对近岸及沿海目标进行攻击，并对空军攻击后的区域进行第二波次补充打击，或为地面部队提供空中火力支援。

组织实施

美国航母打击群在组织对陆打击作战时，需要服从上级联合指挥所的统一指挥，并与其他军种参战兵力密切协同，避免出现误击误炸事件。在组织巡航导弹远程突袭时，组织流程相对简单，主要包括目标指派、航路规划、攻击协同、导弹发射等环节。在组织舰炮近距火力支援时，编队派出的巡洋舰和驱逐舰实际接受两栖作战指挥中心统一指挥，严格根据目标指示和射击命令进行作战行动。在组织舰载战斗攻击机空袭时，组织流程和协同细节相对复杂，主要包括编组、出航、接敌、攻击、返航等 5 个阶段。由于舰载机对陆打击时动用的机群数量庞大、机型种类较多、武器型号繁杂，因此对航空母舰的甲板作业保障能力提出了最高要求，在作战行动初期，舰载机出动架次通常会达到航母出动能力的上限。

在选择混合作战编组时，美国航母打击群通常会按照作战任务情况和空中威胁情况确定对陆打击波次的机群规模和兵力构成。通常情况下，大型任务编组每波次可出动 30~35 架飞机，1 艘航空母舰 24 小时内可以保障 3 个波次；小型任务编组每波次可出动 10~15 架飞机，1 艘航空母舰 24 小时内可以保障 7~10 个波次；混合出动时，1 艘航空母舰 24 小时内可以保障"2 大 3 小"共 5 个波次或"1 大 6 小"共 7 个波次。在兵力构成方面，大型任务编组在作战初期通常编配 1~2 架舰载预警机、2~4 架舰载电子战飞机、10~15 架空优挂载的舰载战斗攻击机、15~20 架对陆挂载的舰载战斗攻击机。后期进入对陆扫荡作战阶段后，则以小型任务编组为主，基本不配置空优挂载的舰载战斗攻击机。

航母舰载机机群依次起飞并完成集结后，脱离航母指挥，改为预警机指挥，随即按照预警机指示的航线进入陆地空域，飞行高度通常为 3000 米左右。当进入作战空域后，机群按照多个梯队进行拆分，并改为战斗队形，降高至 500 米以下的突防高度。当每个梯队飞机进入对地导弹攻击射程后，立即进行防区外导弹攻击，并转向退出，后续梯队按照 2 分钟左右间隔依次展开进攻。攻击完成后，舰载机选择事先规划的安全航线快速撤退至海上，以防止敌方空中兵力升空拦截。离开海岸 5~10 海里后，所有梯队再次整合为密集航行队形，进入返航降落阶段。对于在进攻中遭到敌方防空火力击落的舰载机，梯队其他飞机需要尽可能精确的标定飞行员跳伞或坠机位置，视情况不同由友军指挥的支援兵力或编队自身的救援直升机进行战地救援。

在国家军事力量体系中的主要作用

航空母舰编队在世界各国的军事力量体系中均具有举足轻重的地位，除了在战时能够执行多种作战任务外，在和平时期也能够担负军事威慑、海空封锁、国防教育、非战争军事行动等重要任务，特别是美国航母打击群还能参与战区弹道导弹防御任务。在进行军事威慑时，航母编队主要目的是防止危机恶化或避免战争升级，达到"不战而屈人之兵"的效果。实施军事威慑的前提是航母编队的综合战斗力相比威慑对象具有绝对优势。在进行海空封锁时，航母编队主要目的是长时间切断对手的海上交通线和空中国际航线，迫使对手屈服和孤立，并为下一步可能采取的战争行动做好准备。在进行国防教育时，航母编队是激发国内民众爱国热情、维护内部团结稳定的优质宣传素材。在进行非战争军事行动时，航母编队可以执行护航、反恐、撤侨、救灾等多种任务。在美国的战区导弹防御体系中，航母打击群作为可在海上长时间机动的大型编队，能够抵近敌方沿岸部署，在岸基远程预警雷达、岸基航空兵、航天预警系统、陆基反导系统等支持下，有一定概率利用编队内作战舰船的远程防空导弹或未来可能装备的高能激光武器，对敌方处于发射爬升段的弹道导弹进行早期拦截。

世界兵器解码

第五章
CHAPTER 5

航空母舰的作战与
应用案例剖析

历史经典战例回顾

二战中的航空母舰战例

航空母舰在二战中的经典战例非常具有代表性。1940年11月，英国海军航母舰载机奇袭意大利塔兰托港，首次向世界展示了航空母舰全新的作战方式。1941年12月，日本海军航空母舰编队偷袭美国珍珠港，使航空母舰的作战效能得到充分检验。1942年5月，珊瑚海海战成为航空母舰之间的第一次正面对决。同年6月，中途岛海战奠定了航空母舰在海战中决战决胜的霸主地位，战列舰从此彻底失去了这一位置。1944年6月，马里亚纳海战中爆发了世界历史上最大规模的航母决战，前无古人、后无来者。同年10月，莱特湾海战成为迄今为止最后一次航母之间的对决，兵败如山倒的日本海军彻底走向覆灭。

纵观整个二战时期的太平洋战场，马里亚纳海战是历史首次真正意义上的航母编队之间的对决，因为在1944年以前，日本始终将战列舰作为舰队旗舰和海战的绝对主力，航母编队只是作为分舰队旗舰或主要兵力参与作战行动，直到1944年初，日本才真正参照美国海军的编制方式，将航空母舰排在战列舰序列之前，以航空母舰为核心编组成立了第一机动舰队。而美国海军早在1942年就按照航母编队的全新编制不断锤炼部队，双方航母编队的兵力规模和作战经验均差距明显。

1944年6月，美军开始准备进攻马里亚纳群岛，

美国海军在1942年就开始组建航母编队。

空前强大的美国海军第5舰队。

完全压制日本零式战斗机的美国 F6F 舰载机。

马里亚纳海战中遭美国"大青花鱼"号潜艇击沉的日本"大凤"号航母。

由于该群岛能够作为 B-29 重型轰炸机直接空袭日本本土的第一个战略支点，可加速削弱日本的工业能力和战争潜力，因此战略意义非常重要。日本为了坚守马里亚纳群岛这个重要据点，派出 9 艘航母组成的第一机动舰队携带 498 架舰载机，配合岛上守备部队的 480 余架岸基飞机进行防御作战。作战中，美军派出强大的第 5 舰队从塞班岛方向直扑而来，第 5 舰队指挥官由中途岛海战中崭露头角的斯普鲁恩斯海军中将担任，该舰队下辖由 15 艘航母和 894 架舰载机组成的第 58 特遣舰队，以及准备展开两栖登陆作战的第 51 特遣舰队。

6 月 18 日至 20 日，前后仅历时 3 天的战斗以美军大胜告终，整个战况基本呈现出一边倒的趋势，毫无经验的日本飞行员和性能已不再占优的零式舰载机被美军海军新型的 F6F 舰载机绞杀殆尽。在这场史上最大规模的航母编队决战中，刚刚组建的日本第一机动舰队损失了 3 艘航空母舰、2 艘油船、390 余架飞机，另有 4 艘航空母舰和 3 艘其他舰船受轻伤，而驻守马里亚纳群岛的日本岸基航空兵则基本全军覆灭。美军第 5 舰队仅 5 艘舰船受轻伤，总共损失 120 余架舰载机和 76 名官兵，其中 80 架飞机和 49 名飞行员的损失还是发生在 6 月 20 日黄昏最后一波次追击敌舰返航后，因舰载机油料耗尽和夜间指挥困难，在着舰降落过程中出现的飞行事故造成的。

战例点评： 英军奇袭塔兰托港、日军偷袭珍珠港、美日中途岛海战等都具有开创性的战术意义，同时又包含各种偶然因素或人为成分，因此成为大家津津乐道的著名战例。马里亚纳海战则是美国强大工业产能和综合国力的直接结果，与前期双方势均力敌的情况不同，此时的美军在装备性能、数量规模、人员素质、作战理论、后勤保障等方面都已经拥有了巨大优势，这是日军任何战术上的胜利均无法扭转的必然结果。因此，海战的胜负结果和双方伤亡的巨大差距也显得理所当然，失去了偶然性和戏剧性，马里亚纳海战中，美国海军"碾压"式的胜利使日本海军再无反败为胜的可能。

在日本投降仪式中震撼登场的美国海军舰载机机群。

马岛战争中的航空母舰战例

1982年4月至6月，英国和阿根廷围绕马尔维纳斯群岛的主权归属问题爆发战争，英国皇家海军派出了317特混舰队远程奔袭，最终登陆马岛取得了战争胜利。在这场战争中，英国皇家海军特混舰队中的两艘轻型航空母舰和"海鹞"垂直起降舰载机发挥了决定性作用，再次证明了航空母舰在海战中的重要作用。参战的英国皇家海军317特混舰队由海军上将费德豪斯指挥，下辖3个分舰队。其中，317.8分舰队是以"竞技神"号和"无敌"号航空母舰为核心的海上作战编组，由海军少将伍华德指挥；317.0分舰队是负责两栖登陆的作战编组，由海军准将麦可克拉普指挥，登陆部队由海军陆战队第三旅、陆军伞兵突击团和装甲团组成；320.9分舰队由4艘攻击型核潜艇组成。阿根廷海军虽然同样拥有1艘老旧的英国巨人级航空母舰改造的"五月二十五日"号，但在"贝尔格拉诺将军"号巡洋舰被英国"征服者"号攻击型核潜艇击沉后，慑于英国水下威胁再未出港参战。因此，马岛海战的胜负主要由阿根廷岸基作战飞机与英国航母舰载机之间的战斗决定。

由于英国特混舰队的2艘航空母舰均是轻型航母，"竞技神"号仅能搭载12架"海鹞"舰载机，"无敌"号仅能搭载9架"海鹞"舰载机，剩余空间还需要搭载多架"海王""山猫"等直升机，用于执行反潜、反舰、救援、运输等多种任务。因此，21架"海鹞"舰载机成了英国海军航空兵的出动上限。为了抗衡阿根廷数量占优的岸基飞机，弥补航空母舰舰载机数量不足的窘境，英国临时将4艘集装箱货轮改造为"舰载机运输船"，用于向前线运送海军版"海鹞"舰载机、空军版"鹞"式战斗机，以及用于两栖登陆作战的各型直升机。在战争中，被阿根廷空军误判为"无敌"

马岛海战中的英国特混舰队。

英国临时改造的"大西洋运输者"号集装箱货轮。

英国海军"海鹞"舰载机正在发射空空导弹。

号航空母舰而用"飞鱼"导弹击沉的"大西洋运输者"号正是其中一艘"舰载机运输船"。

虽然英国舰载机部队始终未能有效掌握海上制空权,但是勉强为特混舰队提供了空中保护伞,限制了阿根廷飞机的活动范围和进攻路线,避免了本方舰船的进一步损失。历时74天的马岛战争,共死亡255名英军、649名阿军以及3名平民。阿根廷方面总共被击沉击伤舰船11艘,英国方面总共被击沉击伤舰船16艘。英国航空母舰的舰载机部队总共起降了2370余架次,以损失9架舰载机的代价,取得了击落24架飞机、击沉击伤9艘舰船的战果。阿根廷则依靠英勇的空军飞行员,在处于劣势的情况下取得了几乎全部战果,甚至2次差点重创英国航空母舰。

战例点评: 马岛战争是冷战期间爆发的一场现代化局部战争,也是二战结束后规模最大的一次岛礁登陆作战行动。英国皇家海军特混编队长途奔袭,侥幸获得惨胜,暴露了许多问题。其中,英国轻型航空母舰在作战中的局限性非常明显,数量紧缺的舰载机在面对敌方岸基航空兵时,仅能勉强执行防空截击任务,往往顾此失彼、首尾难顾。在没有预警机提供远程预警的情况下,舰载机甚至无法满足空中战斗巡逻任务的使用需求,特混编队薄弱的防空网只能舍小保大,由前出的驱逐舰和护卫舰一字排开进行对空探测警戒,以此来掩护编队中的航母免受攻击,而阿根廷空军多次觅得战机攻击这些驱逐舰和护卫舰得手,导致特混编队一半数量的作战舰船均遭到击沉或击伤,若非阿根廷空军仅有5枚法制"飞鱼"反舰导弹且无法获得补充,马岛战争的结果势必完全不同。

获胜返航的英国"竞技神"号航空母舰。

"福熙"号和英国"皇家方舟"号等3艘航母也参加了作战行动。战争开始后，为消除伊拉克在波斯湾的海上威胁，"美国"号航母被紧急调往波斯湾方向增援，从而组成了冷战至今极为罕见的4航母编队，番号为美国海军第154特混编队，作战代号为"祖鲁"战斗群。

海湾战争中，美国航母编队在海上封锁、对海作战、对空拦截、对陆打击等方面均取得了亮眼的战绩，特别是航母编队中的作战舰船携带的"战斧"巡航导弹，成为首波突击伊拉克军用机场、指挥所、雷达站、

海湾战争中的航空母舰战例

1991年1月17日，海湾战争爆发，以美国为首的多国部队在海湾地区集结了各型作战舰艇247艘，航空母舰9艘，官兵6万余人，其中美国海军舰艇数量达50%以上，综合战斗能力更是达85%以上。多国部队的海军力量共编为6个作战编组，包括波斯湾作战编组、红海作战编组、中东作战编组、两栖登陆编组、战斗支援编组和地中海作战编组。美军出动的6个航母编队搭载480余架舰载机分别部署在波斯湾和红海2个主力作战编组中，波斯湾作战编组包括"中途岛"号（CV-41）、"突击者"号（CV-61）和"罗斯福"号（CVN-71）航母，主要打击入侵科威特的伊拉克军队。红海作战编组包括"肯尼迪"号（CV-67）、"萨拉托加"号（CV-60）和"美国"号（CV-66）航母，主要打击伊拉克全境的重要目标。除此之外，法国"克里孟梭"号、

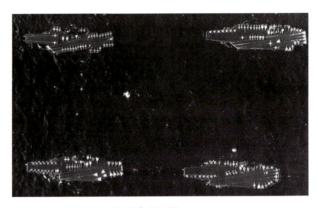

海湾战争中著名的美军"祖鲁"战斗群。

新型F/A-18舰载机开始逐步替代专用的舰载攻击机。

防空导弹阵地的利器，极大减少了联军部队的伤亡。作为航母编队核心的航空母舰和舰载机部队，虽然暴露出对陆作战能力严重不足的弱点，但是在作战全程中仍然发挥了不可替代的作用。以"肯尼迪"号航母为例，舰载机部队共进行了114轮对陆打击，出动舰载机2895架次，消耗弹药3.5万吨。另外，新装备的F/A-18舰载机首次大规模参战，其中海军出动106架，海军陆战队出动84架。通过实战检验，F/A-18舰载战斗攻击机的综合作战能力足以替代专用的A-6和A-7舰载攻击机，从而进一步提升航母舰载机在攻击行动和空战行动中的作战使用灵活度。

海湾战争作为二战以来颠覆传统作战观念和建军备战思想的一次高科技战争，是世界军事史上重要的里程碑，全域作战、电磁制胜、空中制胜、零伤亡等新兴概念，推动世界各国加快军事变革的步伐。在这次战争中，多国部队以死亡340人，损失飞机68架、坦克35辆、舰船2艘的微弱代价，造成伊拉克军队2万余人死亡，8.6万余人投降，损失飞机300余架、坦克3800余辆、装甲车1400余辆、火炮2900余门、舰船140余艘。航母编队在远程力量投送中的重要作用以及在作战行动中的多用途特点，再次坚定了美国海军发展大型核动力航母的决心。海湾战争后，功勋卓著的"中途岛"号常规动力航空母舰随即退役，美国海军逐步进入了尼米兹级核动力航母的全新时代。

战例点评： 海湾战争期间，虽然美国航母编队表现不俗，但是在对陆作战能力上的短板却暴露无遗。由于伊拉克军队没有强大的海军和空军，因此，航母舰载机部队按照冷战思维准备的战略战术，以及为应对大规模海上决战而装备的各型武器系统，在这场以对陆打击为主的战争中，很多缺少用武之地，特别是机载对陆打击装备与空军差距明显，缺少空对陆作战任务分配系统、对陆目标指示设备、对陆精确打击武器、机载目标识别系统和轰炸效果评估记录设备等各类关键装备。在持续38天的空袭行动中，美国空军是对陆打击的绝对主力，而海军舰载机部队则主要在空军的指挥和引导下，对低威胁目标进行传统的临空轰炸任务，投放的还是越战时期的非制导炸弹，命中精度和作战效能可想而知。战争结束后，美国海军立

改建为博物馆的"中途岛"号航空母舰。

美国"祖鲁"战斗群在海湾战争结束后进行力量展示。

即开始探索转型道路，加紧新型武器装备研发，以适应新的作战需要。

伊拉克战争中的航空母舰战例

伊拉克战争是美国为首的联合部队绕过联合国发动的一场战争，也被称为第二次海湾战争。2003 年 3 月 20 日，美军 F-117 隐身攻击机突袭伊拉克首都巴格达实施对伊拉克总统萨达姆的"斩首行动"，从而拉开了战争的序幕。2003 年 4 月，联合部队占领伊拉克，大型军事行动基本结束，此时美军死亡 262 人，英军死亡 33 人。随后，美军战斗部队在伊拉克陷入了历时 9 年的游击战争，直到 2011 年 12 月美国战斗部队全部撤出伊拉克时，美军共死亡 9200 余人，英军共死亡 179 人。在这次战争开始时，美国海军集结了 5 个航母打击群，其中，波斯湾部署了"小鹰"号（CV-63）、"林肯"号（CVN-72）和"星座"号（CV-64）航母，地中海部署了"罗斯福"号（CVN-71）和"杜鲁门"号（CVN-75）航母，战争爆发后不久，"尼米兹"号（CVN-68）替换"林肯"号（CVN-72）参加作战行动，始终保持了 5 艘航母的兵力规模。由于伊拉克防空力量已经被严重削弱，加上海湾战争的经验总结，联合部队的海空军力量在开战首日的空袭强度和打击规模就超过海湾战争第一周的总和。

战争开始后，由于针对萨达姆的斩首行动失败，联合部队随即发起大规模空袭，作战目标覆盖伊拉克全境，美国 5 艘航母的舰载机联队均按照最大出动率参加了作战行动。开战 1 个月内，美国海军舰载战斗机总共出动 5568 架次、空中加油机出动 2058 架次、E-2C 预警机出动 442 架次，舰载战斗机共投掷 5300 枚航空炸弹，其中 95.7% 是精确制导武器，包括激光制导炸弹和 GPS 制导的新型联合制导攻击武器（JDAM）。伊拉克战争期间，美国 1 个典型的航母舰载机联队包括 10 架 F-14 战斗机、36 架 F/A-18C/E 战斗机、4 架 EA-6B 电子战飞机、8 架 S-3B 反潜机、4 架 E-2C 预警机、7 架 SH-60 直升机。其中，"林肯"号搭载的 F/A-18E "超级大黄蜂"舰载战斗机首次参加实战，其对地攻击能力和空中自卫能力比 F/A-18C 战斗机显著增强，并且具备带弹着舰能力。老旧的 EA-6B 舰载电子战飞机携带

"战斧"巡航导弹在伊拉克战争中大量使用。

F/A-18E 舰载战斗机首次参加实战检验。

新型的电子干扰吊舱和"哈姆"反辐射导弹也发挥了重要作用。

由于伊拉克军队基本丧失了成体系的空中拦截和地面防空能力,因此,联合部队的空军和海军航空兵部队的主要任务是为大举进攻的联合部队机械化部队提供空中近距火力支援。航空母舰不再需要出动大机群对预定军事目标进行突袭,而是需要持续保持小机群的空中战备状态或快速出动状态,时刻响应地面部队提出的火力支援请求。为满足小机群连续出动和回收的高强度工作状态,航母飞行甲板采用了弹射与回收同步作业的方式,由舰艏 1 台弹射器负责随时弹射舰载机,斜角甲板则保持舰载机着舰作业能力。同时,美国航母首次允许舰载机按照最小油量标准进行着舰降落,若拦阻失败则复飞后立即由空中待命的加油机进行油料补充。

战例点评: 美国海军在总结海湾战争经验教训后,判断在未来相当长的一段时期内,世界上没有任何国家具备在公海上挑战美国海军舰队的能力。因此,提

伊拉克战争期间的美国航母舰载机混合编队。

出了"由海向陆"的转型理念,强调航母在近岸和相对狭小封闭的海域内进行作战的能力,主要以发展对地精确打击能力为重点。随着"航母打击群"概念的问世、舰载机机载设备和武器的全面升级,海军航空兵对地作战能力有了长足进步,并在伊拉克战争中得到了全面检验。美国通过强化联合作战指挥体系建设,使空军、海军、海军陆战队的空中力量均能够共享战场态势,实现统一指挥和协同作战。在伊拉克战争初期,联合部队的舰载预警机保持 24 小时空中警戒,随时响应地面部队指示和联合指挥中心分配的打击目标,并立即指派任务给就近的舰载机部队,约 80% 的舰载机部队均是在空中待命期间接到预警机分配的作战目标,从而使得航母舰载机联队对伊拉克地面部队的时间敏感目标作战反应速度大幅提升,将发现到摧毁的平均时间缩短至 3 小时左右。

老旧的 EA-6B 舰载电子战飞机在伊拉克战争中仍发挥了重要作用。

第五章 航空母舰的作战与应用案例剖析

叙利亚战争中的航空母舰战例

2016年10月,俄罗斯海军派出了由"库兹涅佐夫"号航母、"彼得大帝"号核动力巡洋舰、"北莫尔斯克"号和"库拉科夫"号反潜舰等7艘军舰组成的航母编队,从北莫尔斯克海军基地出发前往地中海参加叙利亚作战行动。这次作战行动是俄罗斯"库兹涅佐夫"号航空母舰和苏-33舰载战斗机服役以来首次投入实战。11月15日,第一架苏-33舰载机从"库兹涅佐夫"号航母上起飞作战,随后,新型的米格-29K舰载机也起飞进行了性能测试和作战试验。2017年1月,"库兹涅佐夫"号航母编队结束作战行动返回北莫尔斯克海军基地。在不到2个月的实际作战行动中,"库兹涅佐夫"号航母编队共组织420架次战斗飞行任务,摧毁1200余个地面目标。另外,2架卡-52武装直升机利用航母进行了两栖攻击作战战法检验。

俄罗斯"库兹涅佐夫"号航母编队在这次作战行动中,主要针对战事不太激烈的地区进行对陆打击行动,由于敌方没有防空能力,因此舰载机部队通常使用空对地导弹和精确制导炸弹进行攻击,以尽可能提高命中率,减少平民伤亡和附带损失。从俄罗斯舰载机的技术性能和作战效能看,仍基本停留在冷战水平。由于俄罗斯国力衰退,唯一现役的航空母舰长期没有得到升级和维护,本次作战行动中参战的航母官兵并不是满编状态,舰载战斗机和飞行员数量严重不足,仅有大约4架新型米格-29K和8架老旧的苏-33舰载战斗机。在这种兵力配置下,航母舰载机编队实际上是在利用战争对航母作战指挥、武器装备性能和甲板保障能力等进行作战检验,舰载机部队还组织了诸多架次的夜间作战行动,检验了全天候作战能力。

航母编队虽然执行的是低强度对陆打击行动,但是依然因为人员素质和装备性能等原因导致2架舰载机在着舰降落期间损失。1架米格-29K舰载机由于航母在回收其他舰载机时出现拦阻索断裂事故,导致无法降落,最后燃油耗尽坠海,飞行员成功弹射。1架苏-33舰载机在降落过程中,拦阻索再次断裂,导致舰载机

出征的"库兹涅佐夫"号航母编队。

"库兹涅佐夫"号航母出动舰载机进行作战行动。

"库兹涅佐夫"号航母正在进行甲板调度作业。

冲出斜角甲板坠入海中,飞行员顺利逃生。经过事后调查,拦阻索断裂的原因既有装备质量和维护保养的问题,也有舰载机着舰位置偏离航母降落跑道中心线过远,导致拦阻索受力不均的问题。出现拦阻索断裂事故后,一度导致航母失去舰载机起降能力,剩余舰载机被迫转场至叙利亚的俄罗斯军用机场降落。需要指出的是,"库兹涅佐夫"号航母的拦阻索与印度"维克拉玛蒂亚"号航母属于同一型号。

战例点评: 俄罗斯"库兹涅佐夫"号航母编队在这次实战中,并没有按照美国航母打击群的标准进行力量配置,作战能力和指挥效率与美国海军相比差距

俄罗斯"库兹涅佐夫"号航母。

明显，历时 2 个月的舰载机出动架次甚至不如 1 艘美国核动力航母 4 天的出动架次，米格 -29K 舰载机燃油耗尽坠海则直接暴露了编队不具备空中加油能力的短板。另外，没有舰载电子战飞机和预警机支援的对陆打击机群显然无法应对更高强度的作战行动和装备更现代化的作战对手。虽然这次行动为俄罗斯航母编队作战指挥、技术保障、装备抢修和后勤补给等方面积累了全流程的组织实施经验，但是暴露了俄罗斯海军舰载机飞行员数量不足、青黄不接、缺乏训练设施和训练条件等问题，反映了航母和护航舰船性能老旧等现实情况。"库兹涅佐夫"号航母返航后，立即进入船厂开始了漫长的维修升级工程，使得俄罗斯海军再次进入无航母可用的状态。

航空母舰的轶事点评

美国航空母舰编队遭遇"眼镜蛇"台风袭击

1944 年 12 月 17 日，美国海军哈尔西上将指挥第 3 舰队下属的第 38 特遣舰队正在菲律宾吕宋岛以东 480 公里海域进行燃油补给作业。第 38 特遣舰队由 13 艘航空母舰、8 艘战列舰、15 艘巡洋舰和 50 余艘驱逐舰组成，兵力规模仅次于马里亚纳海战中著名的第 58 特遣舰队。不巧的是，1 个超级台风正在快速迫近舰队所处位置，使得该海区的气象条件迅速恶化，海浪和风速不断增强。由于天气预报出现错误，哈尔西上将无法判明台风具体方位，没有及时命令舰队转移。18 日，风力达 17 级的超级台风直接袭击了第 38 特遣舰队，面对 30 米的巨浪和 200 公里 / 小时的风速，哈尔西上将立即命令舰队全部向西南方向机动规避，但由于超级台风已经近在咫尺，大量小型舰船无法跟上编队速度，甚至有驱逐舰直接进入了风眼。为了确保船只安全，舰队指挥部不得不下令各舰可无视编队统一的队形、航向和航速要求，按照安全手册的相关建议自行处置。在这个命令下达之前，部分处于台风"危险半圆"区域的小型舰船由于形势危急，指挥官与下属因航行问

在台风中艰难前进的美国航空母舰。

在风浪中严重倾斜的巡洋舰。

被台风损毁的航空母舰飞行甲板。

题已经爆发了激烈争执，有些驱逐舰甚至为了拒绝舰队命令改为自主顺风行驶，而发生了高级军官集体决定解除舰长职务的事件。

最终，由于哈尔西上将的误判，美国海军遭到了珍珠港事件以来最惨重的单日损失，这个被后世命名为"眼镜蛇"的太平洋超级台风使第38特遣舰队遭到重创。"赫尔"号、"莫纳亨"号和"思彭斯"号等3艘驱逐舰倾覆沉没，13艘航母遭到不同程度损毁，其中10艘航母飞行甲板出现断裂，2艘航母出现机库起火事故，总共损失舰载机140余架，近800名官兵死亡。事后，哈尔西上将被勒令停职并接受海军军事法庭调查，最终在尼米兹等将领力保之下，才得以官复原职，因此这次台风又被称为"哈尔西"台风。

越南蛙人袭击美国"卡德"号航空母舰

美国"卡德"号（CVE-11）航空母舰是二战期间建造的博格级护航航母，由C3-S-A1型货船改造而成，该级舰共建造了46艘。"卡德"号标准排水量9000吨左右，满载排水量15000吨，舰长151米，宽34米，最大航速18节、可搭载28架舰载机。该舰隶属于美国第7舰队，由于已无法起降喷气式舰载机参加作战行动，因而在越南战争期间主要担负飞机和其他军用物资的运输任务。1963年起，"卡德"号多次停靠南越首都西贡市的芽庄港执行运输任务，规律性非常明显，加之处于远离战火的大后方，港口警戒非常松懈，从而成为北越游击队的攻击目标。1964年5月1日夜间，早已潜伏在西贡的6名北越特工对芽庄港实施了水下渗透作战行动，在"卡德"号航母动力舱外侧安装了2枚定时引信的磁性水雷。5月2日凌晨5时，水雷的爆炸声响彻西贡市，"卡德"号船体被炸出约8米长的缺口，并很快坐沉在15米深的港口内，这起蛙人袭击事件还造成舰上5名美国人死亡。

袭击成功后，北越政府宣布对这起袭击事件负责，全力宣传美国航母遇袭沉没的消息，并发行了纪念炸沉"卡德"号航母的邮票。美国则对外宣布"卡德"

进入西贡市的美国"卡德"号航空母舰。

美国潜水员正在检查"卡德"号航母受损部位。

坐沉在芽庄港内的"卡德"号航母。

号遭袭仅轻微受损,始终否认"卡德"号航母被炸沉没。实际上,"卡德"号在越南战争时只能等同于 1 艘运输船,遇袭死亡的 5 个美国人均不是海军官兵而是普通船员,并且由于港口水深较浅,该舰才最终幸免于难,因此美越双方的战时宣传均有夸大的成分。"卡德"号坐沉后,美国海军派潜水员查看了受损部位,最终认定损伤较小、具备修复价值,因此,迅速组织人员将舰体下层水密舱室逐个关闭并抽水排空,最终在 2 艘救援舰的支援下使该舰重新恢复了浮力。随后,"卡德"

号由 1 艘拖船拖至日本横须贺港进行维修,并很快重新加入美国海军服役,直到 1971 年才正式退役拆解。

美国"福莱斯特"号航空母舰舰载机火箭弹事故

福莱斯特级航空母舰是美国二战后建造的第一型装备喷气式舰载机的重型航母,首次安装了蒸汽弹射器,标准排水量 5.9 万吨,满载排水量 7.9 万吨,可搭载 85 架各型舰载机。该级舰共建造 4 艘,首舰"福莱斯特"号(CVA-59)于 1955 年 10 月 1 日服役,1993 年 9 月 10 日退役。1967 年 7 月 25 日,"福莱斯特"号航母抵达越南沿岸对北越军事目标发起进攻,7 月 29 日上午 11 时左右,"福莱斯特"号航母在准备出动当日第二波次攻击机群时,舰艉右舷 1 架 F-4B 舰载战斗机挂载的 1 枚"祖尼"火箭弹意外走火,击中甲板左舷停放的 1 架 A-4 舰载攻击机引发爆炸和火灾,周围 7 架满油满弹的舰载机瞬间被大火和高温笼罩,随即引发恐怖的"多米诺骨牌"式连环爆炸,在不到 5 分钟内,总共引爆了 10 枚航空炸弹、10 余枚火箭弹和

美国海军"福莱斯特"号航空母舰。

爆炸和大火从"福莱斯特"号航母左舷甲板开始蔓延。

"福莱斯特"号航母损管人员和护航舰船全力灭火。

导弹。由于该舰飞行甲板被炸出多个大洞，大火随着航空燃油渗入下层舱室，导致下层人员大量伤亡。虽然甲板作业人员和其他舰船立即展开灭火工作，但大火仍持续燃烧14小时后才被扑灭。

这次火箭弹意外走火事故成为美国海军历史上最严重的一次航母事故，总共造成137人死亡、161人受伤、21架舰载机彻底报废、43架舰载机不同程度损坏，直接经济损失达5亿美元，相当于当时美国"企业"号核动力航母的造价。"福莱斯特"号航母由于丧失作战能力，不得不在参战4天后就退出越南战场，返回美国本土进行维修，1年多以后才重新恢复作战能力。遗憾的是，美国海军并未吸取"福莱斯特"号的惨痛教训，"企业"号核动力航母不到2年后再次重蹈覆辙。1969年1月14日8时19分，"企业"号在夏威夷海域准备进行实弹训练时，同样发生了F-4舰载机4枚"祖尼"火箭弹遇热爆炸事故，导致28人死亡、344人受伤、15架舰载机报废、17架舰载机受损的巨大损失。这两起同类事故最终使得美国海军重新对弹药运输、装配、处置等环节的作战条令进行了调整完善，对各种航空弹药引信和保险装置的质量要求更为严格，并且进一步增强了航母在损管方面的装备器材投入和人员训练强度。

"企业"号核动力航母首次海试即创造世界纪录

美国第一代企业级核动力航母仅有唯——艘"企业"号（CVN-65）服役，该舰是世界上第1艘核动力航母，也是以"企业"命名的第8艘美国军舰。该舰长331.6米，甲板最宽76.8米，标准排水量7.6万吨，满载排水量9.4万吨，舰员编制3200余人，首次采用8座A2W压水反应堆和涡轮电力推进系统。1961年10月，"企业"号航母在首次海试中持续跑出了 35 节以上的航速，一举刷新了重型航母的最快航速纪录，引发全球媒体广泛关注，并且该纪录一直保持至今，美国第二代尼米兹级、第三代福特级以及法国"戴高乐"号核动力航母均难以望其项背。这座"海上城市"的速度甚至超过了为其护航的常规动力水面作战舰船，使得美国兴起了一阵建设"全核动力舰队"的热潮。同时，美国航母首次具备了全时高速机动的能力，对于舰载机弹射起飞作业帮助极大，战场机动能力和生存能力显著增强。

"企业"号航空母舰于 1961 年 11 月 25 日正式服役，2012 年 12 月 1 日退役，在总计 51 年的服役时间内，"企业"号航母完成了 40 万次舰载机弹射起飞和拦阻降落作业，总共更换了 4 次核燃料并进行 3 次现代化改装，每次补充的核燃料都能够使航母以 20 节速度不间断航行 40 万海里，从此开启了美国航母全球部署、全球到达的新时代。因此，传奇军舰"企业"号对于美国人而言具有非同寻常的意义，在为"企业"号航母举行的盛大退役仪式上，美国海军就宣布福特级航母的 3 号舰将继承"企业"号舰名，舷号 CVN-80。届时，第 9 代"企业"号航母将替代尼米兹级的"艾森豪威尔"号航母。

海试中的"企业"号航母。

经典的 F-14 舰载战斗机首次部署"企业"号航母。

拆解中的"企业"号航母（前）与即将服役的"福特"号航母（后）。

俄罗斯"库兹涅佐夫"号航空母舰遭遇维修事故

2018年9月,"库兹涅佐夫"号航母再次进入摩尔曼斯克第82修船厂进行维修和现代化升级,该船厂拥有俄罗斯国内唯一一个可以托起"库兹涅佐夫"号航母的PD-50大型浮动船坞,该船坞是20世纪80年代,苏联从瑞典进口的产品,俄罗斯国内没有制造能力。10月30日,船厂由于降雪导致断电,PD-50浮动船坞水箱的水泵停止工作并且通海阀无法自动关闭,不断涌入的海水最终致使PD-50浮动船坞沉没。在浮动船坞沉没时,左右2座塔吊同时倒塌,右侧塔吊直接砸中航母飞行甲板后部,造成一个直径4~5米的大洞,并且致使1人死亡、3人受伤。此次事故迫使俄罗斯联合造船集团提前起动谢夫马尔布奇海军第35修船厂的干船坞改扩建工程,将船厂内现有的2座中型浮动船坞合并为1座大型浮动船坞供"库兹涅佐夫"号维修使用。

PD-50浮动船坞的右侧塔吊砸中航母飞行甲板后部。

维修中的"库兹涅佐夫"号航母遭遇火灾事故。

沉没前的PD-50浮动船坞。

2019年12月12日上午,位于摩尔曼斯克维修的"库兹涅佐夫"号航母再次遭遇火灾事故,大火足足燃烧了1天才被扑灭,火灾共造成2人死亡、10人受伤,起火点位于下层甲板的1个动力舱,内部舱室过火面积总共达到600平方米,损失达3亿卢布(约合410万美元)。经事后调查,火灾的主要原因是施工人员在焊接过程中,引燃动力舱内残余燃料造成的,属于人为事故。接连遭遇2次维修事故的"库兹涅佐夫"号航母使得俄罗斯国内出现了封存或退役该航母的呼声。受限于俄罗斯紧张的国防军费和有限的技术实力,

"库兹涅佐夫"号航母明显难以按原计划完成现代化升级，即使俄罗斯全力以赴使其重新服役，时间预计也会推迟至 2022 年以后，这期间，俄罗斯将成为联合国五个常任理事国中唯一没有航母可用的国家。

下一代航空母舰发展方向展望

航空母舰诞生至今，主要凭借其搭载的舰载机不断增强的作战能力而一步步成为海上霸主，航母本身的性能也为了适应更加强大、经济、高效的空中作战需求而不断发展演变。随着相关技术的不断发展，航母凭借复杂的结构、高昂的造价、精密的舰载设备、先进的舰载机、高素质的舰载机飞行员等因素成为世界少数国家才有能力建造和装备的高端武器装备。从发展趋势看，航空母舰明确细分为中、轻型多用途常规动力航母和重型核动力航母两条道路，前者以短距/垂直起降舰载机为主，兼顾两栖作战等多种用途；后者以重型舰载机为主，强调多种机型协同完成海上作战任务。下一代航空母舰势必围绕无人机技术、电磁弹射技术、全电力推进技术等方向进行深化拓展。

俄罗斯下一代核动力航母模型。

法国确定下一代核动力航母建设方案。

无人机技术

随着美国无人舰载机起降技术的逐步成熟，担负各型作战任务的无人舰载机势必将出现在未来航母甲板上。目前，美国海军已经下马的 X-47B 无人战斗机、正在服役的 MQ-8B 无人侦察直升机和即将装备的 MQ-25A 无人加油机均是无人机技术取得不断突破的阶段性产物。在突破了无人机自主作战、目标识别、协同作战、指挥控制、精确制导、出动回收以及抗电子干扰等关键技术瓶颈后，无人机本身结构简单、机动性强、效费比高、反应迅速、没有伤亡风险等优势将得到全面展现。未来，无人舰载机的普及能够有效解决各国

电磁弹射技术

美国福特级航母采用的电磁弹射技术虽然在目前出现了很多故障,但这是技术发展的必然过程,电磁弹射技术仍将是未来重型航母的核心装备之一。这主要由电磁弹射技术的五个优势决定:一是整个装备的体积比蒸汽弹射器更小,能够大量节约舰上空间。二是可灵活设置弹射器功率,能够弹射各型重量不等的有人机和无人机。三是不需要消耗水蒸气,弹射出动效率和持续工作时间显著增强。四是弹射加速度稳定,

美国海军 MQ-8B 无人侦察直升机。

美国航母即将装备的 MQ-25 无人加油机。

美国电磁弹射器的轨道内部结构。

培养舰载机飞行员梯队代价高昂的问题,这将极大改变海上作战样式。各型尺寸紧凑的无人机能够使航母的舰载机搭载数量大幅增加,从而进一步提升航母作战能力。舰载无人机各种灵活的出动与回收方式,甚至会促使未来航母向轻型化方向发展,吨位和尺寸也许将不再是决定航母战斗力的主要标准,航母的维护保养成本也将显著下降。

美国"福特"号航母地勤人员正在检修电磁弹射器。

第五章 航空母舰的作战与应用案例剖析

飞行员舒适度高，对舰载机机体强度要求降低。五是维护保养更加简单，所需人力成本大为下降。未来，舰载机出动率仍然是航母最重要的战术指标之一，对于中、轻型航母来说，仍将采用短距／垂直起降方式。对于重型航母而言，只有克服蒸汽弹射器的种种限制，才能在出动率上取得显著突破。

综合全电力推进技术

信息化时代，不断更新换代的各类舰载指控系统、探测系统、武器系统、通信系统、自动化系统以及生活保障系统成为体现航空母舰先进性的重要标志之一。

"伊丽莎白女王"级航母作为世界上第一型采用综合全电力推进系统的航母，为未来航母的动力系统设计提供了新的参考标准。目前，在航空母舰上部署的综合全电力推进系统虽然存在故障率高的缺点，但是其技术优势仍非常突出，既能有效节约舰船内部空间、减少维护人员，又能实时调节电力供应、降低燃油消耗，为大功率双波段雷达、高能激光、电磁炮等新型系统的使用奠定了基础。另外，随着电动机技术的不断发展，不需要尾舵的全向电力推进系统也可能会出现在航空母舰上，从而进一步降低动力系统的机械复杂度，有效提升航空母舰的机动能力。

需要消耗大量电能的舰载激光武器。

已经在破冰船上使用的新型全向电力推进系统。